中国軍・韓国軍との比較で見えてくる

アジア最強の海上自衛隊の実力

自衛隊の謎検証委員会

【カバー写真引用元】

・護衛艦「みょうこう」（左上）（海上自衛隊ホームページ）
・護衛艦「いずも」（上中央上段）（海上自衛隊ホームページ）
・自衛官射撃訓練（上中央下段）（海上自衛隊ホームページ）
・習近平国家主席（©Antilong and licensed for reuse under this Creative Commons Licence）
・朴槿恵大統領（©Republic of Korea and licensed for reuse under this Creative Commons Licence）
・護衛艦「あきづき」（中央右）（海上自衛隊ホームページ上の写真を加工して作成）
・韓国海軍隊員（下中央）（©Republic of Korea Navy and licensed for reuse under this Creative Commons Licence）
・自衛官艦上射撃訓練（右下）（海上自衛隊ホームページ）
・韓国旗の写真（©J. Patrick Fischer and licensed for reuse under this Creative Commons Licence）

【背表紙の写真引用元】

・護衛艦「いずも」（海上自衛隊ホームページ）

【裏表紙の写真引用元】

・海上自衛隊の艦艇群（海上自衛隊ホームページ JAPAN MARITIME PHOTOGRAPHY）

【章扉の写真引用元】

・本扉の写真（海上自衛隊ホームページ Japan maritime photography）
・1章扉の護衛艦「こんごう」の写真（海上自衛隊ホームページ）
・2章扉の訓練中の海自隊員の写真（海上自衛隊ホームページ JAPAN MARITIME PHOTOGRAPHY）
・4章扉の哨戒機の写真（海上自衛隊厚木航空基地ホームページ）

はじめに

近年、日本の安全保障が脅かされている。対処のために日本政府は、南西方面への防衛強化を図り、防衛予算も増額し、組織や関係法の整備も進めている……そんな情報を、テレビや新聞、ネットなどのニュースで見聞きした人も多いだろう。

事実、日本を取り巻く周辺諸国との関係は思わしくない。とくに、外洋進出を目論む中国や、幾度もミサイルを発射し、核の保有も確認された北朝鮮は、防衛上の脅威であるといっても過言ではない。

ただ、四方を海に囲まれた日本に他国が侵入しようとすれば、海を越えて攻撃する必要がある。そうなると、迎え撃つ日本側も海と空での戦略が重要となっている。

現在の日本で、空の防衛を担当しているのは航空自衛隊だ。しかし、機動力を優先する航空自衛隊だけでは、本格的な防衛戦に対処するのは難しい。輸送力や補給力、哨戒力などを考慮すれば、海の防衛を担当する海上自衛隊の力も発揮されなければ、国土の安全を確保することはできないだろう。

また、歴史的に見ても、海上自衛隊には陸空自衛隊にはない特徴がある。

かつて、日本の海軍は、世界でも5本の指に数えられるほどの実力を誇っていた。しかし、太平洋戦争で敗北を喫したことにより、陸軍ともども解体され、新憲法で戦力の保持も放棄した。だが、東西冷戦の時代になり、周辺環境が変化すると、自衛のために独自の防衛機関を設立する。それが「自衛隊」である。

自衛隊の設立において、陸上自衛隊では旧陸軍の軍人を徹底的に排除した。一方、海上自衛隊は旧海軍の将校たちが中心となって編成された。そのため、海上自衛隊には、世界屈指と言われた頃の伝統が今も引き継がれているという。そして、実戦経験は皆無ではあるものの、過去に培われた海戦のノウハウも、伝統同様、息づいているとも言われているのだ。

そんな由来をもつ海上自衛隊の実力について、さまざまな視点から解説しているのが本書だ。「海上自衛隊とはどのような組織で成り立っているのか」「海上防衛以外にどのような任務を負っているのか」「敵国の襲来や不審船の領海侵入に対してどのような動きを見せるのか」などといった任務内容のほか、海自史上最大の護衛艦「いずも」型、最新鋭イージス艦「あたご」型、通常型潜水艦の最高峰といわれる「そうりゅう」型といった主な艦艇や航空機について紹介。また、法整備もしくは指示系統における問題点も指摘する。さらに、海上自衛隊だけでなく、周辺国における海軍の兵器や実情も分析し、海上自衛隊との実力差も説明している。

「戦争は外交の失敗である」との言葉がある。確かに、武力で外交問題を解決するのは短絡的であり、勝敗にかかわらず多大な損失をこうむってしまう。しかし、だからといって、徒手空拳で「平和」を唱えているだけでは、国土や国民を守ることはできない。理想論だけでなく、現実を見つめてとるべき道を探らなければいけないはずだ。

現実的な課題について考えるには、日本の防衛力についてもきちんと把握する必要がある。そんな防衛力の要となる海自自衛隊の実像を、とくとご覧いただきたい。

２０１６年２月　自衛隊の謎検証委員会

中国軍・韓国軍との比較で見えてくる

アジア最強の海上自衛隊の実力

目次

2章　中韓軍と比べてわかる 海上自衛隊の強さの秘密

3章 世界の海軍 驚愕の最新兵器

4章 知られざる海上自衛隊の任務の数々

5章 海上自衛隊が直面する大きな課題

173

1章 海上自衛隊の真の実力

「海上自衛隊」とはどのような組織なのか？

海上自衛隊の構成

2015年3月31日現在、22万6742人の自衛官のうち、海上自衛隊には4万2209人が所属している。

その構成は**「海上幕僚監部」「機関」**、そして**「部隊」**に分けることができる。その基本的な役割を順に紹介しよう。

最初にあげた海上幕僚監部は、防衛大臣を補助する機関であり、同時に各部隊・機関の管理運営を行うオフィスでもある。

海上自衛官のトップである海上幕僚長のもと、総務部、防衛部などの6部18課、および監察官、主席法務官などで構成されている。他国の海軍参謀本部に相当する部署で、**部隊編成や作戦立案を行う「海自の頭脳」**と言ったところだろう。

二つめにあげた機関は、主に**補給と教育**に関連する施設を指す。

そのうち、海自の補給業務を総合的に行っている補給本部が、東京北区の十条駐屯地だ。ここでは海自が保有している艦船・航空機の整備や、火器・弾薬といった装備品の調達を主務とし、訓練や有事の際の行動を円滑にするための支援業務を担当している。

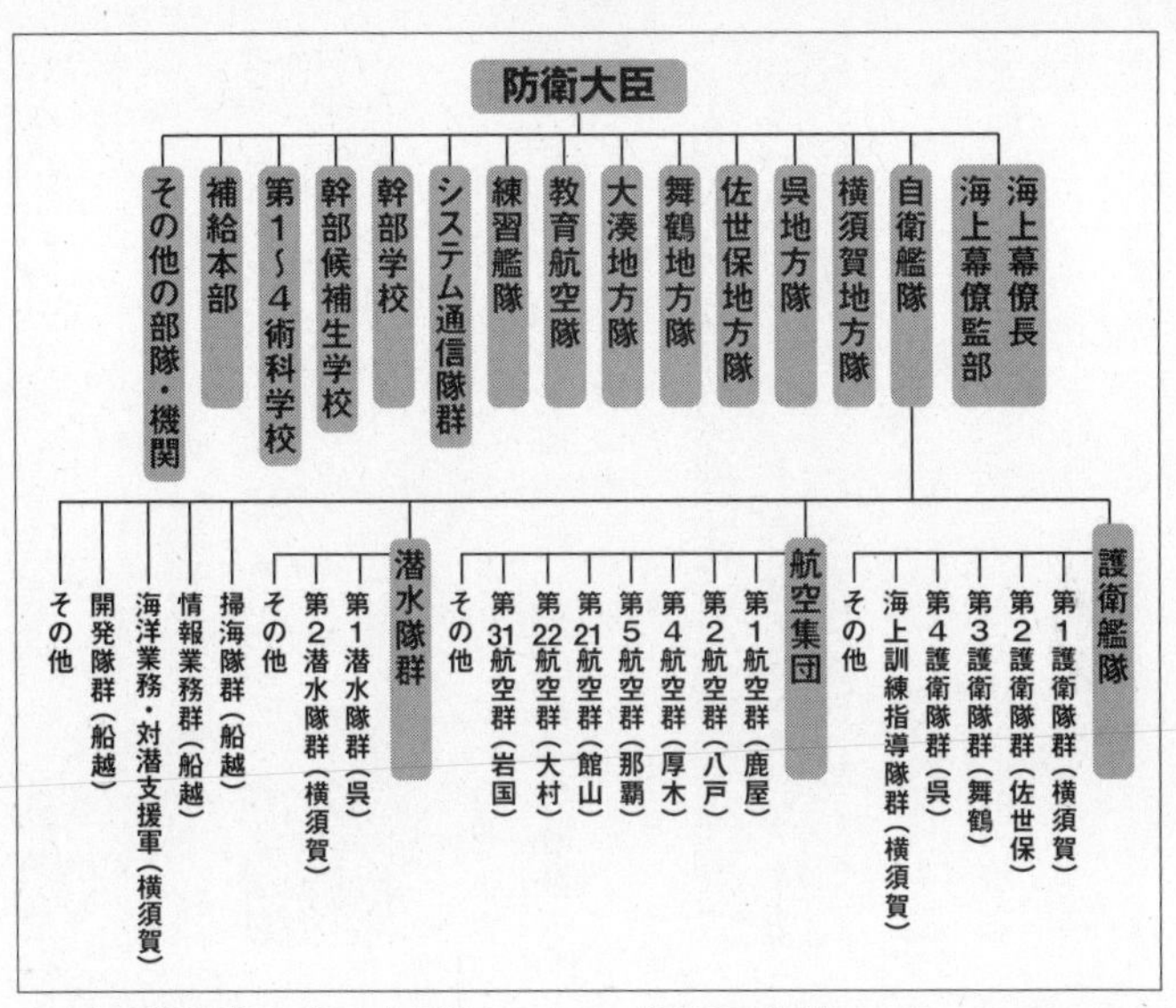

海上自衛隊組織図（海上自衛隊ホームページを元に作成）

式典に臨む海上自衛隊員（写真引用：海上自衛隊宮城地方協力本部ホームページ）

また、教育機関としては幹部候補生学校や上級幹部教育を行う学校の他、航空隊のパイロットや戦術航空士の養成、経理や外国語、さらには調理といった専門性に応じた教育を行う術科の学校が存在する。

ただ、これら海上幕僚監部と機関の役割は、陸上自衛隊や航空自衛隊の組織とさほど変わることはない。**海自の特徴は、実動部隊の編成にある。**

自衛艦隊と地方隊の関係

陸自では全国を五つの管区に分けて地域を防衛する大部隊、いわゆる方面隊を置いているが、海自の場合は、実力部隊が広い洋上で活動する「自衛艦隊」と、割り当てられた海域で任務を遂行する「地方隊」の二つの単位に分けて組織されている。

大まかに言えば、**有事の際に主力となるのが自衛艦隊で、地方隊はその自衛艦隊の修理や燃料補給といった、バックアップを行うことを役目とする。**

この地方隊は、大日本帝国の旧海軍において、前線で戦う艦隊への補給や兵士の訓練などの後方支援を担っていた、鎮守府の制度に由来するものだ。

そうした経緯を持つ地方隊は、陸自のように、日本の沿岸を大湊、横須賀、舞鶴、呉、佐世保と五つにわけて警備区を設置し、地方総監部が指揮を執っている。ちなみに、総監部の最高指揮官である地方総監は、陸自の方面総監（陸将）と並ぶ高い地位にある。

海上自衛隊のトップ・武居智久海上幕僚長（左）と中谷元防衛大臣（右）
（左写真引用：海上自衛隊横須賀地方総監ホームページ）

肝心の任務内容はというと、先に挙げた自衛艦隊への支援に加え、管轄している海域を防衛する任務も重要だ。

その他、災害時の救助や海底で見つかった不発弾の処理、離島からの救急患者の輸送など、活動領域は多岐にわたる。そして、これらの任務に備えて、艦艇と航空部隊が応急出動待機態勢をとっている。

名称からするとあまり派手なイメージのない地方隊だが、こうして見ると、日本の海域を守るため、陰ながら重要な役割を演じていることがわかるはずだ。

それでは、実働部隊のもう一つの柱で、海自の主力とも言える自衛艦隊は、どのような構成になっているのだろうか？

領海防衛の三本柱

まず押さえておきたいのが、海自では部隊の単位は小さい順に「隊」「群」「艦隊」（航空部隊は集団）で編成されているということだ。2隻以上の艦艇で隊をつくり、2個隊以上で「隊群」、さらに2個隊群以上で編成されているのを「艦隊」と呼ぶ。

また、航空機部隊は複数の航空機で「航空隊」をつくる。さらに2個隊以上の航空隊と整備補給隊および航空基地隊で編成されるものが航空群で、2個航空群とその他部隊によって「航空集団」を形成している。

さて、自衛艦隊は横須賀基地船越地区にある司令部の指揮下にあり、そのトップは自衛艦隊司令官だ。海自の主戦力を指揮するこの役職は、海上幕僚長に次ぐナンバー2の地位と言っていいだろう。

その自衛艦隊は艦艇約100隻、航空機約230機を擁し、主な所属として**「護衛艦隊」「潜水艦隊」「航空集団」**が存在する。自衛艦隊はこの「水・潜・空」の3隊を防衛の三本柱としているのだが、中核をなすのが護衛艦隊だ。

護衛艦隊は人員約1万1000名、艦艇64隻からなる艦艇部隊で、全海自隊員の約4分の1、**自衛艦隊の中でも半数以上の艦艇を保有している**。

また、護衛艦隊と並ぶ機動部隊として運用されている潜水艦隊には、16隻の潜水艦、2隻の潜水艦救難艦が所属。**有事の際には日本の主要海峡である宗谷、津軽、対馬海峡で敵国艦隊の**

「こんごう」型護衛艦「みょうこう」。2012年に、北朝鮮の弾道ミサイルに備え、アメリカ軍や他艦と連携して迎撃態勢をとった。京都府の舞鶴に配備されている（写真引用：海上自衛隊ホームページ）

通過を阻止するのが大きな任務だ。

そして、自衛艦隊の三本柱の最後、航空集団は厚木に司令部を置く航空部隊で、硫黄島や南鳥島にもその航空基地がある。

7個ある航空群の主な任務は、空からの周辺海域のパトロールや海上交通の安全確保。そのため哨戒機「P3C」が、昼夜を問わず監視活動を行っている。このP3Cは2009年6月にソマリア沖の海賊対策のために派遣されるなど、航空集団では主力の哨戒機である。

この三本柱の他にも、自衛隊艦には、世界トップレベルの機雷除去の技術力で知られる掃海隊群や、新装備の開発にあたる開発隊群、僻地や離島への人員や物資の輸送を行う輸送艦部隊などが所属しており、海の防衛に盤石の体制をとっているのだ。

アジア随一の戦力を誇る護衛艦隊の実力とは？

海上自衛隊の主力艦隊

かつて旧日本海軍は、数々の大型空母や戦艦を保有する連合艦隊を主力としていた。

それに対して、海上自衛隊の主力艦隊に位置づけられているのが、**護衛艦隊**である。

自衛艦隊と地方隊で構成される海自の中で、護衛艦隊は**自衛艦隊の基幹を成す部隊**だ。その名が示す通り、この艦隊は護衛艦で構成された水上艦隊であり、横須賀の第1護衛隊群、佐世保の第2護衛隊群、舞鶴の第3護衛隊群、呉の第4護衛隊群と、輸送・補給用の支援艦隊で構成されている。

これら護衛艦隊群に配備される護衛艦はそれぞれ8隻前後。作戦時には護衛艦隊群単位での行動を基本とし、平時においても常に4艦隊のうち1艦隊が実働態勢で待機している。

では、護衛艦隊の主任務は何かというと、**領海内のシーレーンの防衛**である。よく「護衛艦隊は敵艦隊と戦うことが任務」と誤解されてはいるが、それはあくまでも航路を守るための手段であって目的ではないのだ。

このように、防衛のみを目的としていた護衛艦隊であったが、現在では機動力と輸送力を活かして災害救助支援に派遣されることもある

第１護衛隊群所属の「むらさめ」型護衛艦（海上自衛隊ホームページより）

第３護衛隊が停泊する舞鶴基地（©663highland and licensed for reuse under this Creative Commons Licence）

し、テロ対策措置法に基づく海外派遣も珍しくなくなっている。

代表的な事例が、東日本大震災の災害派遣とソマリア沖における護衛艦の海賊対処派遣だろう。日本列島の領海を守るための部隊ではあるが、時代の流れに従い、護衛艦隊の任務内容も多角的になっているといえよう。

アジア最強と言われる理由

では、肝心の実力の方はどうだろうか?

護衛艦隊を構成する戦闘用艦艇は、「むらさめ」型や「たかなみ」型のような「DD（汎用護衛艦）」や、ヘリ空母の異名で知られる「いずも」型や「ひゅうが」型のような「DDH（ヘリ搭載型護衛艦）」などに分けられる。

ただ、所属する艦艇数64隻は他国と比較しても少ない状況で、韓国海軍の艦艇数約200隻の半分以下でしかない。

それに加えて、ヘリ空母の異名で知られるいずも型とひゅうが型を除けば大型艦艇がない。つまり、ほとんど小型艦艇しかない状況なのだ。これでは他国から「小艦しかない海軍」と見られても仕方がない面もある。

だが、そうした不利な点があるにもかかわらず、**護衛艦隊の実力は世界でも5本の指に入るとされている**。理由は、対潜装備の充実ぶりと、ほとんどの護衛艦に哨戒ヘリ運用機能を備え付けたことで実現した、高い潜水艦への対処力にある。そしてそれ以上に重要なのが、**イージス艦の保有数**だ。

「最強の軍艦」と呼ばれることも多いイージス

艦上の哨戒ヘリ SH60 K。対潜能力向上のため、護衛艦の多くにはこうした哨戒ヘリを運用する能力が備わっている。

たかなみ型護衛艦「たかなみ」。対潜・対空戦への対応を目指した汎用機で2003年に就役し、横須賀に配備された（海上自衛隊ホームページ）

艦だが、実際は「イージスシステム」を搭載した**防衛主体の艦艇**と言うのが正しい。

イージスシステムとは、フェイズドアレイレーダー（電気的な作用で運用できるため回転の必要のないレーダー）と各種電子機器、兵装を組み合わせて構成された、自艦や味方艦隊を敵軍の攻撃から防衛するための機能のこと。これにより、同時に識別分析できる目標の数はなんと100を超える。

このように、対潜・対艦を含めたあらゆる状況への対処が可能となっているだけでなく、情報共有力にも優れ、戦場での情報を味方艦と共有統合することで艦隊全体の防衛力を飛躍的に高めることも可能。まさに、「イージス（ギリシャ神話の楯、もしくは胸当て）」の名に相応しい、「艦隊の楯」なのだ。

現在、イージス艦を実用化している国は5ヶ国しかなく、日本は「こんごう」型と「あたご」型を合わせて6隻を保有している。これは80隻以上を有するアメリカに次ぐ保有数である。

これら6隻は護衛艦隊群にそれぞれ配備され、艦隊防空の要として活用されている。

また近年では、近隣諸国の状況を鑑み、こんごう型に弾道ミサイル迎撃能力が付与され、あたご型にも随時ミサイル迎撃に関する改造が施される予定である。

現時点で中国・韓国軍の航空攻撃を受けたとしても、イージス艦で強化された防空網で撃退することができるし、北朝鮮が弾道ミサイル攻撃を実行したとしても、対処は不可能ではない。

このように、**イージス艦で底上げされた高い防衛力こそが護衛艦隊の真価**であり、世界でも

イージス艦あたご。防御力を飛躍的に高めるイージスシステムを採用しており、日本は６隻のイージス艦を保有している（写真引用：海上自衛隊ホームページ）

有数の戦力と評価される所以なのだ。

さらに、海自は現状に甘んじることなく、刻々と変化する東アジアの防衛環境に対応するために戦力を磨いている。

今後は、２０１３年の閣議決定に基づき、護衛艦の定数を54隻まで増加させ、あたご型をさらに2隻追加することになっている。２０１７年には、いずも型2番艦の「かが」が就役する予定であり、他にも５０００トン級の新型護衛艦や掃海機能と高いステルス機能が備わった万能型の２５００トン級護衛艦の建造計画が進みつつある。

もちろん、いずれの艦にも数々のハイテク装備が搭載される予定だ。これらの建造計画が終了すれば、護衛艦隊はより強力な水上戦力として成長することだろう。

世界有数の実力を持つ海自の裏の主力部隊・潜水艦隊

海中の主力艦隊

潜水艦といえば、海中に潜んで敵艦や敵基地を攻撃する、海のステルス兵器である。その優れた隠密性から多くの国々で実用化され、**日本においても潜水艦は海自の重要戦力に位置づけられている。**

日本の潜水艦隊は、護衛艦隊と同じく、自衛艦隊の一部として組織され、司令部は横須賀に設置されている。艦隊は潜水艦16隻と沈没した潜水艦から乗員を救助する2隻の救難母艦で構成。艦艇は呉の第1潜水隊群と横須賀の第2潜水隊群、そして訓練専門の練習潜水隊と潜水艦教育訓練隊に分けられているのである。

これらの潜水艦はどのような任務についているのか。その答えは周辺海域の監視である。

資源を海外の輸入に頼る日本にとって、シーレーン（海上輸送路）防衛は最重要課題であり、他の海自艦艇と同様に潜水艦隊も周辺海域の防衛任務についている。

任務地は主に主要航路である東シナ海と大陸に最も近い日本海。これらの海域での監視活動に従事すると共に、周辺の情報を収集し、異変に早期対応できる体制を整えている。そして**任務中の潜水艦隊が最も警戒している対象が、他**

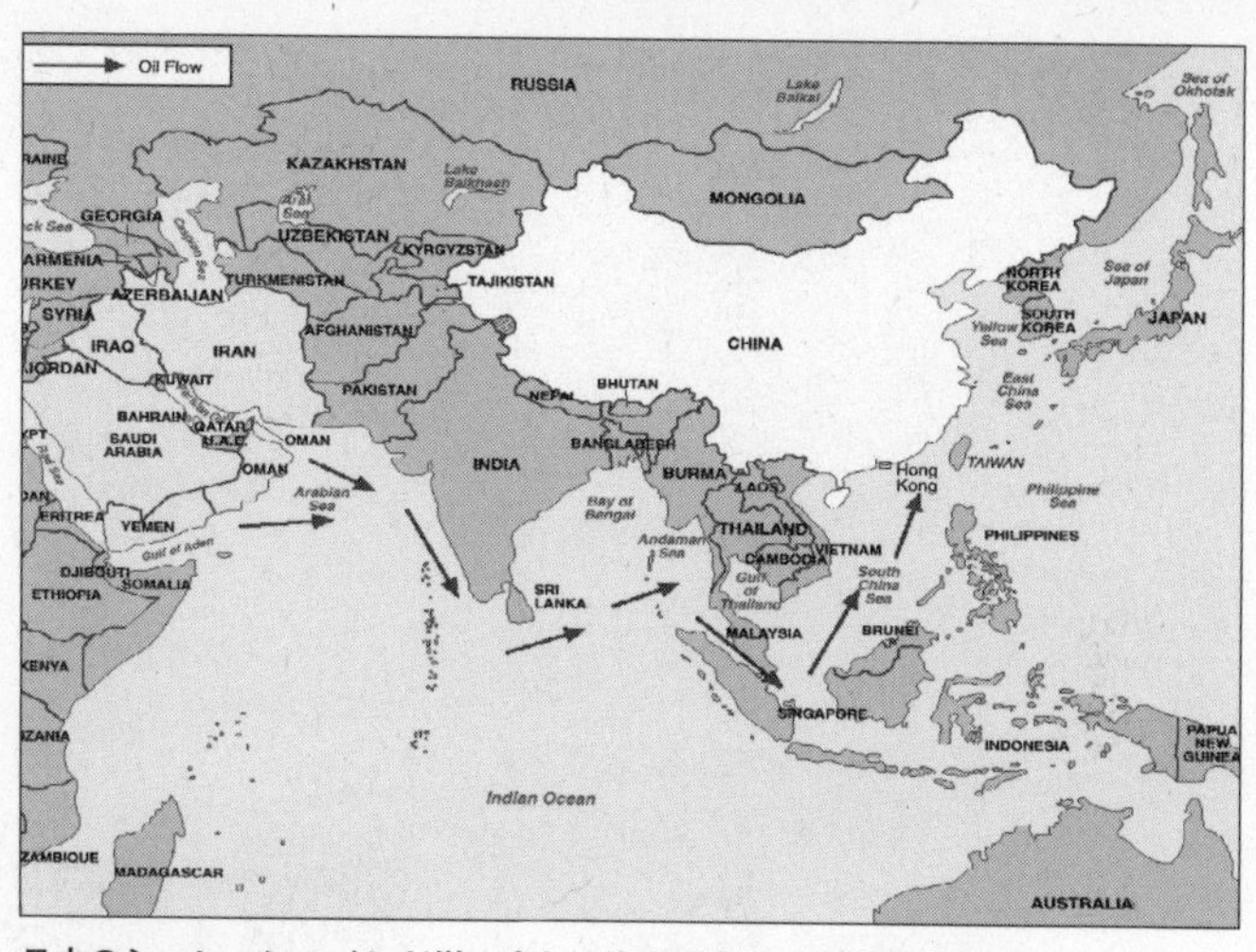

日本のシーレーン。インド洋、南シナ海を通過して資源を輸送している。

国の潜水艦である。

海中を進む潜水艦を察知するには空中と海上だけでは不十分で、同じ海中で行動可能な兵器も当然必要となる。よって、海自は敵潜水艦を主目標とした潜水艦隊による領海監視を24時間態勢で実施。規模こそ護衛艦隊には及ばないが、潜水艦隊も重要性で言えば同等であるといえる。この2隊に航空集団を合わせて三位一体の体制を保っているのである。

なお、これまで海自は潜水艦の保有数を16隻までとしていたが、昨今の近隣情勢を考慮して、今後は22隻まで増産される予定だ。

優れた性能と搭乗員の技量

とはいえ、艦隊の規模で比べると、50隻以上の潜水艦を保有する中国海軍には及ばない。それでも、海自の潜水艦隊は、アジアだけでなく世界有数の海中戦力であると評価する声が少なくない。

数で劣るはずの海自潜水艦がアジア最強と呼ばれるのはなぜか？　理由は二つある。

一つ目は**潜水艦の性能**だ。１９９８年から就役した潜水艦隊の主力艦である「おやしお」型は、潜行深度や航続距離に優れた通常型潜水艦（原子炉を持たない従来の潜水艦）である。艦内設備の見直しにより70人という少人数での航行が可能となり、さらには海中の音波を反射しにくくする無反響タイルと高性能ソナーの採用で探知力とステルス性を同時に向上させた。

こうした長所を持ったおやしお型は、他国の通常型を凌駕した次世代型と言われていたが、近年さらに強力な潜水艦が配備された。**「そうりゅう」型**である。

各機能の向上とAIP（非大気依存推進）機関の搭載で、これまでにない長時間潜水が可能となったこの艦が配備されたことで、潜水艦隊の戦闘力は飛躍的に向上。今後新造される艦もそうりゅう型だとされているため、海自の潜水艦戦力はより強化されることだろう。

なお、日本も米中のように原子力潜水艦を造るべきと一部で言われているが、静粛性では通常型に劣るため、日本近辺で行動するなら通常型が役に立つとされている。

また、長年の収集活動で近隣諸国が所持する主力艦の音響データを回収し終えているので、仮に他国の潜水艦が攻めてきても、捕捉撃沈は可能なはずだ。

最新の潜水艦「そうりゅう」型潜水艦。長時間潜水が長所で、主力艦として期待されている（写真引用：海上自衛隊ホームページ）

そして、そのような潜水艦の力を底上げしているのが、潜水艦隊が最強と言われる二つめの理由、**搭乗員の練度**だ。

発足以降一度も実戦を経験していない自衛隊は、当然ながら隊員を戦死させたこともなく、優秀な人材を死亡させることなく一定数を確保している。

それに加えて、訓練生にもベテラン隊員によって十分な教育を施すことができるので、潜水艦隊の技量はアジアだけでなく欧米と比べても高い水準を保っているのである。

その実力から、日米合同演習で日本の潜水艦がアメリカ空母に撃沈判定を与えたという噂話まで流れるほどだ。この噂が正しいかはあやしいところだが、潜水艦隊への高い評価を示す、興味深いエピソードではある。

大戦の経験から生まれた部隊 世界の海でも活躍する掃海部隊

機雷を除去する専門部隊

太平洋戦争中、旧日本軍はアメリカ軍の「B29」や「F6Fヘルキャット」などの航空機、「M4シャーマン」といった戦車に苦しめられたが、それらと同じ、もしくはそれ以上に日本軍が嫌がった兵器がある。船舶の接近を察知して爆発する**「機雷」**である。

この戦争では、日本近海に約1万2000個もの機雷が撒かれて輸送船の航路を封鎖された。その結果、国内に鉄や石油などの資源が輸入できなくなり、戦争継続を困難にする一因となったほどだ。

そんな日本軍を敗北に追いやった「海の地雷」を除去するために戦後組織された専門部隊が、掃海部隊だ。

海上自衛隊は空と海の両方に掃海部隊を持っており、水上艦隊の部隊は正式名称を「掃海隊群」という。海自発足時に組織されていた第1掃海隊群と第2掃海隊群を2000年に統合再編して生まれた部隊で、護衛艦隊や潜水艦隊と同じく、自衛艦隊の一部に組み込まれている。

横須賀の司令部のもと、呉の第1掃海隊と第101掃海隊、佐世保の第2掃海隊、横須賀の第51掃海隊と掃海業務支援隊の五つの部隊で編

機雷処理訓練に向かう掃海隊群（写真引用：海上自衛隊ホームページ）

機雷処理に取り組む掃海隊群（写真引用：海上自衛隊ホームページ）

成され、それぞれの隊には複数の掃海用艦艇が配備されている。その保有数はアメリカやイギリスを超える27隻で、世界的に見てもかなりの充実度を誇っている。

そして数が多いのは、役割ごとに求められる大きさや機能が異なるからに他ならない。その種類は大きく分けて四つある。

現在、海上自衛隊の掃海船は、深々度に設置された機雷を除去する中型の掃海艦、比較的浅い海域の機雷を担当する小型の掃海艇、掃海艇すら侵入できない浅瀬向けの掃海監視艇、最後に掃海用艦艇を統率する大型の掃海母艦が活躍している。

これらの艦艇で最も重要なのが、掃海母艦「うらが」型だ。現在2隻が稼働中のこの艦は、大型化しつつも各部をハイテク化したことにより、高い旗艦能力と人員削減を両立。主目的である掃海作業についても、艦体後部に掃海ヘリ用の甲板と格納庫を設置することで、空と海からの同時作業を可能としたのである。

そして、最も注目すべき機能は、機雷除去と機雷散布の両方が可能になったことだろう。さらに、大型化した艦体と余剰スペースを活かして、災害地への物資と人員の輸送・救援にも利用できるようになった。まさしくうらが型掃海母艦は、掃海隊群が誇る万能艦であると言えるだろう。

また、岩国基地には海自で唯一の掃海航空隊である「第１１１航空隊」が編成されており、有事には「ＭＣＨ１０１」掃海ヘリなどでの機雷除去を担当することになっている。

これら掃海隊群と第１１１航空隊の技量は世

訓練に挑む掃海ヘリ「ＭＣＨ 101」（写真引用：海上自衛隊ホームページ）

界的に見てもトップクラスだと言われており、１９９１年のペルシャ湾派遣でも誰一人犠牲者を出すことなく掃海任務を終えている。

海自で初めての海外派遣

また、掃海部隊を語る上で避けては通れない要素がもう一つある。それは、海自の掃海部隊が**戦後の日本で初めて海外派遣を経験した**ということだ。

日本は海外派遣に消極的だったにもかかわらず、海自の掃海部隊が世界へ進出したのはなぜか？　その理由は湾岸戦争にまでさかのぼる。

１９９０年、アメリカを中心とする多国籍軍とイラク軍の間で勃発した湾岸戦争において、日本は兵力を出す代わりに多額の寄付を行った。ところがアメリカなどの各国は、日本の行いを評価せず、イラクから侵略を受けたクウェートですら、戦後に作成した多国籍軍への感謝広告で日本だけを省いていた。

国際的信用を失いかねないこの事態に、日本政府は態度を改めた。国内で議論を重ね、PKO（国連平和維持活動）として海自掃海部隊の派遣を急遽決定。このとき決定された海外派遣こそが、先に挙げた1991年のペルシャ湾派遣だった。

当初、イラク残党軍やゲリラの攻撃、機雷暴発による殉職者発生が危惧されていた。しかし世論の心配に反して、掃海部隊が犠牲者ゼロで任務を達成したことはすでに述べたとおりだ。この派遣成功をきっかけに、数々の法改正が行われ、平和維持活動のための自衛隊海外派遣が本格的に進められることになったのである。

そして、ペルシャ湾での任務からは、貴重な教訓も得られた。

例えば、当時の掃海母艦「はやせ」は日本近海での作業しか想定しなかったことから艦体が小さかった。国内では問題にならなかったが、海外での活動時には生活スペースや格納庫の小ささが問題になって、補給や隊員の生活面で多少の苦労を強いられたというのだ。

海自はこの問題を教訓に、より外洋航行に適した大型の「うらが」型を設計。内部の機械化を進めて乗組員数を減らし、生活環境の向上に努めた。そして、1997年に1番型、1998年に2番型が竣工し、シンガポールやパキスタン、ベトナムなど、広い地域で掃海活動に従事してきた。

掃海母艦「うらが」型の2番艦「ぶんご」(写真引用:海上自衛隊ホームページ)

こうして掃海部隊は、海外での活動にも適した、より実用的な部隊に生まれ変わった。日本が掃海作業に本腰を入れて70年以上が経過しつつあるが、掃海部隊は海空問わず、日々の訓練とノウハウの蓄積によって高い水準を維持し続けているのである。

なお、気になる部隊の今後についてだが、掃海隊群は所属艦艇の老朽化と編成再編に伴い、規模が縮小される可能性が浮上している。しかし、隻数が減らされる代わりに機雷除去が可能となった新型護衛艦が近々建造される見通しで、就役後は掃海作業の一部を護衛艦隊が担うと予想されている。

たとえこれからの方針が変わったとしても、日本の高い掃海技術は、今後も世界の海で役立つことだろう。

海上テロを意識した実働部隊 SBUの実力

海自の対テロ用特殊部隊

軍に数ある部隊の中でも、対テロ戦闘や敵地潜入など、特別任務を受け持つ部隊が「特殊部隊」である。アメリカ軍の「グリーンベレー」や「SEALs」、イギリス軍の「SAS」など、世界的には珍しくないが、自衛隊には長年、特殊部隊と呼べる部隊は備わっていなかった。

一応、海上自衛隊には「水中処分隊」という特別な部隊はあるものの、これは機雷を除去するための専門隊なので、外国のような特殊部隊とはいえない。

しかし、現在世界中で課題になっているゲリラやテロ攻撃に対処するためには、即応性と高い技能を持った部隊が必要不可欠。そこで2001年に海自で編成されたのが、**「特別警備隊（SBU）」**である。

SBUは日本初の軍事系特殊部隊であり、**日本領海に不法侵入した不審船への強行潜入と立ち入り調査を主任務**としている。任務の重要性からSBUに関する情報は多くが非公開にされ、装備や人員の詳細は不明な部分が多い。唯一わかっているのは、部隊が広島県の江田島基地に置かれ、4個小隊で構成されていることくらいである。

海上自衛隊の特殊部隊「特別警備隊（SBU）」。自衛艦隊直属で、自衛隊初の特殊部隊でもある。

SBUが設置されている広島県江田島基地。海上自衛官の教育施設が並ぶ基地で、正式名称は第１術科学校（写真引用：海上自衛隊第１術科学校ホームページ）

ただし、確定的な情報は少なくとも、ある程度の予測を立てることは可能である。というのも、**SBUは一般人でも見られることで有名**だからだ。

江田島周辺には地元漁協によるカキ養殖用筏が多く設置されているため、部隊は海上訓練時に養殖施設の側を通ることも少なくない。付近の通過時には低速で航行することが義務付けられていることも相まって、地元民の多くに訓練時の姿を目撃されることが多くなってしまったのである。

目撃情報によると、隊員は黒色のタクティカルアーマーを装備し、「RHIB（複合型高速ゴムボート）」と見られるボートに乗り込み訓練へ赴いていたという。そして、2007年に行われたSBUの公開訓練でも、同様の装備が見られていた。

武装は日本製の89式小銃や9ミリ拳銃が中心であった一方で、国内には存在しないはずのP226R拳銃が確認されている。2010年にはドイツ製小銃HK416を採用したという情報も流れており、SBU隊員の装備は国産と海外産を併用している可能性が非常に高い。

ただ、2007年以降は一度も公開訓練が実施されていないことから、訓練時の姿を詳しく確認できる機会がなく、今でもこれらの武装が使われているかは不明である。

そんなSBUに入るためには、江田島にあるという教育隊に志願するのが唯一の方法と言われている。

かつては海軍系特殊部隊に必須の水中行動力に長けた「爆発物処理班（EOD）」のエリー

爆発物処理班の訓練の様子。この部隊から SBU の隊員が選抜されていたといわれているが、現在は海上自衛官全員を選抜対象としている（写真引用：海上自衛隊掃海隊群ホームページ）

トから選抜されていたというが、現在では全海自隊員の中から志願者を募集している。

志願するための資格は、原則として30歳未満で3等海曹以上の隊員。その中から入隊試験に合格し、その後、教育隊で厳しい訓練を乗り越えた者だけが、ＳＢＵに採用されるのだ。

つまり、ＳＢＵは、海自から選りすぐりの人材を集めた本物の特殊部隊なのである。

なお、実際に対テロ戦闘を経験したことはまだないが、２００９年には護衛艦のソマリア派遣に同行していたといわれている。

海自を変えた不審船事件

特殊部隊設立に前向きでなかった海自がＳＢＵ設立を決意した原因は、１９９９年に起きた不審船事件にある。

1999年3月23日に、能登半島沖で外国籍と見られる不審船が発見された。後に北朝鮮の工作船であることが判明する不審船の不法侵入に、海自は海上保安庁と共同で追跡作戦を決行。護衛艦や哨戒機までが出動する大追跡劇となったが、高速で航行する不審船に翻弄されて取り逃がす結果となった。

のちに**「能登半島沖不審船事件」**と呼ばれることになる領海侵犯での失態は、海自に多くの教訓を残した。

問題となったのが、不審船へ乗り込み制圧する部隊の不備だった。当時の現場では不審船へ突入捜査をする部隊がいなかったせいで、護衛艦内で臨時に突入部隊を編成していたとも言われている。実際に突入することはなかったが、相手が工作員や特殊部隊員だった場合、専門訓練を受けていない隊員が船内へ乗り込むのは非常に危険だ。

SBUはこの反省を活かして組織された。さらに、各艦の不審船対処力を高めるために、SBU発足から2年後の2003年には護衛艦全てに「立入捜査隊」を設置。不審船への立ち入り検査が任務であることは同じだが、武力制圧を想定したSBUとは違って停船命令を受け入れた船舶が対象なので、基本武装は拳銃と警棒、または小銃のみである。

良くも悪くも、不審船事件がなければ危機感は高まらず、SBUと立入捜査隊の発足は確実に遅れていただろう。能登半島での一件が、海自特殊部隊設立のターニングポイントとなったのだ。

能登半島沖に出没した不審船。上が第二大和丸、下が第一大西丸。
（写真引用：海上保安庁ホームページ）

さて、このような経緯で誕生しただけに、装備や隊員の錬度は高いレベルを維持していると考えられるが、問題もいくつか指摘されている。

まず、**肝心の隊員数が100人に満たない**点だ。少数精鋭であることに間違いはないが、複数の不審船の無力化や大規模な人質救出作戦などに対応するためにも、人員の増強は視野に入れるべきだろう。

また、不測の事態に即応するには、部隊がスムーズに行動できなければいけないが、出動手続きの関係で対応が遅れ、後手に回る可能性もある。

このように、誕生から10年以上がすぎた現在でも万全の状態であるとは言いがたい。今後は部隊員増員と組織力の強化、他部隊の連携などが望まれるところである。

活躍の場は海だけではない 空から活躍する海上自衛隊の航空隊

空から活躍する海自部隊

海上自衛隊は日本の領海を守るための組織だが、海洋だけが活躍・任務の場ではない。その証拠に海自には、自前の航空部隊が用意されているのだ。

そうした海自用航空隊の中核部隊が**「航空集団」**である。

航空集団は自衛艦隊の一部として組み込まれ、第1、第2、第4、第5、第21、第22、第31という7個の航空群を基幹とする。

このうち第1から第5までの部隊は固定翼機で編成。第21と第22が回転翼機（ヘリコプター）、最後の第31が救難用飛行艇（水面離発着が可能な航空機）とデータ収集機を使用している。これら7個の航空群の下には3個の直轄部隊と2個の航空修理隊、そして航空管制隊と機動施設隊が編成されている。

主な任務は、領海内の航空パトロールとシーレーンの安全確保、または海上事故及び災害時の救難活動となっている。したがって、航空集団には、戦闘機や戦闘ヘリといった高速の航空機は配備されていない。パトロールや救助を目的としている関係上、速度が速すぎては、海上の船や不審物をくまなく監視でき

第21、22航空群が運用している哨戒ヘリ SH60J/K。計86機を海自で運用している（写真引用：海上自衛隊ホームページ）

第1、2、4、5航空群が運用する P3C 哨戒機（写真引用：海上自衛隊ホームページ）

ないためである。

そうした戦闘機に代わって主力になっている航空機が、速度は遅いが航続距離と探知力に優れた哨戒機や哨戒ヘリだ。

哨戒機航空集団の主力機である「P3C」は、航空機の形状をした固定翼の哨戒機で、潜水艦探知力と情報処理機能に優れている。魚雷を搭載できるので、ある程度は対艦戦闘をこなすことも可能だ。そのため、万能機として長く重宝されてきた。

ただ、最盛期には100機以上が稼働していたP3Cも、配備開始から30年以上が経過し、老朽化が目立ってきたことから、2015年までに70機近くにまで減少している。

しかし、海自も数の減少を傍観していたわけではなかった。性能をより向上させたP3Cの後継機「P1」を開発し、すでに部隊配備を始めているのだ。

そして、もう一方の哨戒ヘリを使用する部隊の主力機は、**「SH60J／K」**という機体だ。

アメリカ製の「SH60B」に日本独自の改良を加えて生産したこのヘリは、データリンクシステムと高度な自動制御機能の搭載で、オリジナルよりも高い性能を実現。汎用性の高さから航空集団だけでなく、ヘリを搭載可能な各護衛艦にも標準装備されている、海自哨戒ヘリの代表的存在だ。

これらの航空機は各航空群に配備され、青森県の八戸基地や沖縄県の那覇基地、在日米軍と共同使用している山口県岩国基地の他、硫黄島や南鳥島の航空基地から発進し、日夜日本の領海を監視している。

海自の航空隊も使用する南鳥島航空基地。向かって左側に滑走路があるのがわかる。

また、近年は活動の場を世界にも広げている。2009年に成立した海賊対処法に基づき、ジブチ共和国に哨戒部隊を派遣して、**海賊船の監視警戒を行っている**。海自の航空部隊は日本領海だけでなく、海外においても海の治安を守っているのである。

ただ、ご存知のとおり、海自の航空集団だけが日本を守る航空隊ではない。自衛隊には航空集団より規模が大きく、知名度の高い組織が存在している。陸自と海自に続く自衛隊の中核組織、航空自衛隊である。

航空自衛隊との関係

航空自衛隊（空自）は、約4万3000人の隊員と430機以上の航空機を有する、日本の防空組織である。

航空集団も空自と同様に航空機を扱うことから、両者は何らかの関連性がある、もしくは協力し合うことが多いと考えてしまうかもしれない。だが実際のところ、平時に限定すれば、海自の航空部隊と空自が共同で活動することは滅多にない。

航空機を扱うという点だけは同じだが、その役割は大きく異なる。**空自が他国の領空侵犯への対処が主任務なのに対し、海自所属の航空集団が警戒対象としているのは、不審船と潜水艦**だ。任務の内容自体が違うために、平時に海自と空自の航空隊が協働することは、まずないのである。

だが、これが有事や事故・災害になると話は別だ。敵軍が日本へ侵攻するには海を渡る必要があるため、海自の哨戒部隊は対艦兵装で敵艦隊迎撃に赴くだろう。このとき、対空兵装のない哨戒部隊は空自戦闘機部隊の援護を受け、状況によっては「F2」戦闘機の部隊と合同で対艦攻撃を決行すると考えられる。

また、2000年ごろから問題になっている弾道ミサイル対策についても、発射の予兆があれば海自と空自の統合部隊が臨時編成されて、統合幕僚長の指揮下で空自の警戒管制機と共同で情報収集に当たることになっている。

このような協力関係は、事故・災害時においても変わらない。2011年の東日本大震災はもとより、訓練中に僚機を撃墜した同年7月の「F15J戦闘機遭難事件」でも、空自の救難隊と海自の哨戒機隊が捜索を行い、事故機の破片を伊江島(いえしま)沖近海で発見している。

航空自衛隊の戦闘機「F2」。アメリカの「F16」を改造して生まれた機体で、対地・対空能力が高い（写真引用：航空自衛隊ホームページ）

かつては、陸自は陸自、海自は海自、空自は空自と、命令系統が半ば独立していたので、各隊が協働で部隊を出動させるには難しい部分もあった。

だが、**2006年に「統合幕僚監部」が設置され、3隊の命令系統が統合幕僚長の下に一元化されたことにより、非常時の協力が、よりスムーズに行えるようになった**のである。

太平洋戦争で日本軍が敗北を喫した理由の一つとして、陸海両軍の情報が共有されず、ほとんど共闘が出来なかったことが挙げられる。

敗戦から半世紀以上たって、ようやく3隊をまとめる統合幕僚監部が誕生し、自衛隊は日本防衛により適した組織となった。情報共有を軽視した旧日本軍の失敗が繰り返されることは、もうないだろう。

海上自衛隊の艦隊を強化する強力装備の数々

戦闘艦の搭載兵器

どれだけ優れた艦艇を揃えたとしても、低性能な装備だと活躍が難しいのは言うまでもない。しかし海上自衛隊の場合、その点においては安心していい。高性能な各護衛艦と同じく、優秀な搭載装備が多いからだ。

護衛艦の装備と聞いてまず初めに思い浮かぶのは、**砲塔**だろう。「こんごう」型や「たかなみ」型に搭載されている「54口径127ミリ速射砲」がそれに当たる。

これはイタリアのオート・ブレダ社（現・オート・メラーラ社）が開発した砲塔で、口径こそ小さいものの、優れた自動給弾システムの採用で、毎分40発もの高速連射を実現可能としている。**航空機やミサイルの撃墜すら可能**で、アメリカやドイツなどでも幅広く採用されている、まさに現代式艦砲の代表とも言うべき兵器なのだ。

また、艦砲以外の装備なら**魚雷**を思い浮かべる人もいるだろう。現在の海自では、各哨戒ヘリや護衛艦に搭載されている「97式短魚雷」、潜水艦用の「89式魚雷」が主力となっている。だが、対艦用の切り札であった太平洋戦争時とは違い、高性能ソナーの搭載による敵潜補足力

たかなみ型護衛艦に搭載されている127ミリ速射砲。航空機やミサイルの迎撃を可能とする高い速射性を備えている。

の付与と誘導性能の追加で、潜水艦に対する兵器として使われることも多くなっている。

これら砲塔と魚雷は、第二次世界大戦まで、艦載兵器の主役として重宝されてきた。しかし現代戦において、砲塔・魚雷・対空機銃は主力ではなく緊急時の補助兵器でしかなくなっている。ならば、現代戦の主力兵器は一体なにか。答えは「誘導弾」、つまりミサイルである。

高性能ミサイルの数々

ミサイルの利点は、艦砲射撃や魚雷攻撃とは比較にならないほど射程距離が長く、レーダー誘導の効果で命中率もずば抜けて高いことにある。そのため現時点では戦争の主役となり、敵艦には対艦ミサイル、航空機には対空ミサイル、潜水艦にすら対潜ミサイルによる迎撃を実行するのが一般的となっている。
　海自が採用している艦対艦ミサイルの中で最も有名なのが、アメリカ製の**「ハープーン」**だ。航空機に搭載する兵器として開発されたが、後に艦載型も登場。長射程と破壊力の高さなどから各国で高い評価を得て、２０１５年時点で30ヶ国以上が採用した。日本も主力艦艇だけでなく、「Ｐ３」哨戒機用の空対艦タイプを運用しているほどだ。

　そのハープーンに次ぐ主力兵器として重宝されているのが**「90式艦対艦誘導弾」**だ。陸上自衛隊の「88式地対艦誘導弾」をベースに開発されたこの兵器は、威力が高く小型艦にも配置可能なことから、ミサイル艇にも設けられている。

　二つめに挙げた対空ミサイルの中では、中長距離用の「ＳＭ」シリーズが有名だが、さらに優れた対空ミサイルも配備されている。それが、艦対空短距離誘導弾「シースパロー」だ。シースパローは航空自衛隊の空対空ミサイル「スパロー」を艦載型に改造したものである。射程距離こそＳＭシリーズには及ばないが、レーダー波を発しながら敵機を正確に追尾するので、命中率はかなり高い。現在では、「ＶＬＳ（ミサイル垂直発射システム）」式の改良型が完成し、各艦への配備が進められている。

　そして、最後に挙げた潜水艦迎撃兵器として使用されているのが「アスロック」だ。先端部に対潜魚雷が装着されており、発射後に切り離されるとパラシュートで海面へ落下。海中へ潜った魚雷は、目標を自動追尾して撃沈するのである。その高い誘導性と破壊力は、「潜水

艦対艦ミサイル「ハープーン」。海上自衛隊の主力兵器の一つで、艦艇や哨戒機に配備されている。

艦が逃げ切ることはまず不可能」と言われるほど。ちなみに「アスロック」も「シースパロー」と同様、VLS式の改良型も運用されている。

さて、ここまで海自の主要な装備を見てきたが、この中に世界では常識となっている兵器がないのに気付いた人もいるだろう。そう、**海自には、他国の海軍では当たり前に見られる兵器、「対地専用装備」が存在しない**のである。「トマホーク」や「巡航ミサイル」に代表される対地用兵器がないのは、攻撃用兵器の所有を禁ずる、法的な制約によるところが大きい。つまり、対地用兵器は他国の基地の攻撃が可能なので、所持は許されていないのだ。

ただし、昨今では弾道ミサイルや離島侵攻の可能性が危惧され始めたことから、自衛隊にも導入すべきだという意見も出ている。

海上保安庁と海上自衛隊はどのように違うのか？

海の警察・海上保安庁

映画やドラマで、危険を顧みず海難事故に立ち向かう海上保安庁（海保）隊員たちの活躍に、感銘を受けた人も多いだろう。日本の海を守るこの組織は、災害時などに海上自衛隊と合同で救助に当たることもある。そのためか、「海保は海自の一部」と思っている人も少なくない。

だが、**海保と海自はまったく別の組織**。管轄は海自が防衛省であるのに対し、海保は国土交通省になる。また、歴史的に見ても、海保の創設は自衛隊よりも古いのだ。

第二次大戦後、日本軍は連合国軍最高司令官総司令部（ＧＨＱ）に武装解除された。結果、次第に不法入国や密貿易などが増加し、海の治安が悪化。その取り締まりのためアメリカの沿岸警備隊をモデルに発足したのが海上保安庁だ。

現在、海保の隊員数は約1万2500人で、日本を11の管区に分けて任務に当たっている。主な役割は先に挙げた海難救助や、海上での密漁・密輸といった犯罪の捜査、犯人の逮捕も含まれており、**逮捕権も有している**。海保が「海の警察」と呼ばれる所以である。

しかし、日本列島の海岸線の総延長は約3万5000キロメートルと長大だ。領海と排

初期の海上保安庁の職員たち。発足は 1948 年で現在の定員は約 1 万 2500 人。

他的経済水域を合わせた海域は約447万平方キロメートルだから、単純計算すると海岸線3キロメートルに隊員1人、1万平方キロメートルに1隻ということになる。

いささか不安になる数字だが、海保は世界の沿岸警備組織の中でもトップクラスの重装備で、広い海域の警備にあたっている。例えば巡視船「しきしま」は連装機関砲、多銃身機銃がそれぞれ2基、さらにヘリコプターも2機搭載可能という世界最大級の巡視船だ。

平時の海保、戦時の海自

だが、海保は海自と決定的な違いがある。**海保には戦闘に加わる権限がない**のだ。

万が一、敵が日本の海域に侵入することがあれば、防衛大臣によって海上警備行動が下され、海自が出動する。その際は海保も出動し防衛大臣の指揮に入るが、海上保安庁法第25条の規定により、戦闘に参加することはできないのだ。

ならば、「戦えないのになぜ重装備なのか」と疑問を抱いた方もいるかもしれない。だが、海保が存在しているのには、歴(れっき)とした理由がある。

その一つは、**「紛争をエスカレートさせないための安全装置」**として機能することだ。

もし、他国の不審船が日本の領海内に不法侵入した場合、海自が出向いて万が一、攻撃をしてしまえば、外交問題や紛争に繋がりかねない。

そうした事態を避けるため、不審船が軍艦や武装船であるなど、明らかに攻撃する能力や意思があるとみなされない限りは、海上警備行動は発令されないことになっている。

相手が民間船である場合は海保が収拾に動き、事態の沈静化を試みる。だが、攻撃を受けて海保で手に負えなければ、海上警備行動や防衛出動に基づいて海自の出動、という流れになる。

このような、日本の海保に当たる組織を持っている国は、世界には60ヶ国以上存在する。アメリカでは沿岸警備隊、韓国では海洋警察庁と呼ばれるものがそれだ。

海を守るための協力体制

任務の内容も所属組織も異なる海保と海自。しかし、**「日本の海を守る」という目的のもと、両組織が協力体制を組むことがある。**

戦闘行為が可能なのは海自のみだが、海自には海保のような逮捕権はない。海自は領海内に

横浜海上保安部に所属する消防船「ひりゅう」。海で事故が起こった際は緊急電話118に通報すれば海上保安庁がかけつける（写真引用：第三管区海上保安部）

不法侵入した敵を撃退することはできても、捕えることができないのだ。そこで海保と海自の連携が必要になってくる。

実際、ソマリア沖の海賊対策のために派遣された海自の護衛艦2隻には、海賊を捕えた場合に備え8名の海上保安官が乗船しているという。また、海自は、日本の周辺海域での警戒監視活動で得られた情報を海保と共有するなどして、緊密な連携をとっている。さらに2015年7月には、領海には侵入されたが武力攻撃までには至らない、いわゆる「グレーゾーン事態」を想定した共同訓練を伊豆大島の東の海域で実施。領海侵入を繰り返す中国を念頭に、対応の手順を確認しあったとも言われている。

このように、海保と海自は連携を図り、防衛体制に隙が生じないよう万全を期しているのだ。

日本近海を守る防衛部隊 後方支援と警備を担う地方隊

日本各地域を守る海自組織

強力な護衛艦を数多く配備した護衛艦隊、高い隊員の技量と潜水艦の性能によって強化された潜水艦隊、空から敵潜水艦の脅威を排除する航空隊群。どれもが自衛艦隊の一部であり、日本領海を守る重要戦力である。

この主力ともいえる自衛艦隊のほかに、五つの警備区それぞれに設置されている防衛部隊が**「地方隊」**である。

地方隊は各警備区の地方総監部の指揮下に置かれ、**沿岸部の警備と自衛艦隊に所属する護衛艦や航空隊の後方支援を任務としている**。その編成や任務などをもう少し詳しく説明しよう。

まずは佐世保に司令部を置き、南西諸島から山口県までのエリアを担当する「佐世保地方隊」だ。佐世保は戦前より海軍の町として知られ、旧軍が消滅した現代でも、海自の重要拠点に位置付けられている。

任務としては、南西諸島方面で活動する護衛艦群の後方支援の他、対馬や壱岐などの離島部に警備隊を配置して、レーダーによる周辺海域の監視を行っている。中韓の南西方面進出が危険視される昨今の状況を鑑みれば、地方隊の中で最も重要な部隊といえよう。

海上自衛隊による震災復興支援（写真引用：海上自衛隊ホームページ）

宮崎県から和歌山県までの海域と沖ノ鳥島周辺を担当する「呉地方隊」は、旧海軍時代の本拠地だった呉市に総監部があることで知られている。

また、秋田県から島根県に至るまでの日本海方面の海域を担当し、舞鶴市を根拠地とする「舞鶴地方隊」や、三重県から岩手県までと太平洋沿岸部一帯を守る「横須賀地方隊」も、呉と同じく旧海軍の軍港がそのまま各地方隊の基地となっている。

そして**近年、最も大きな働きをした地方隊といえば、青森県から北海道にかけての海域を守る「大湊地方隊」**だろう。

１９９１年にソビエト連邦が崩壊して冷戦が終結してからは、北方海域を担当する大湊地方隊の重要度は低くなっていた。だが、２０１１

年に起きた東日本大震災では、被災地域が警備区内ということもあり、救助活動に尽力。それ以前でも、1993年の北海道南西沖地震や2000年の有珠山噴火にも出動しており、災害救助において功績を残している。

もちろん、他の四つの地方隊も各警備区内で災害が発生すれば救助に出動するし、規模によっては他の地方隊を支援することもある。

弱体化する地方隊の戦力

このように、地方隊は地方の守り手であり、かつては各隊にも護衛艦や哨戒機などの強力な兵器が配備されていた。

だが、**現在地方隊に残っている小型護衛艦は1隻もなく、航空兵器も全てが姿を消している。**これは一体どういうことなのか？

実は、自衛隊は2007年に大規模な部隊再編を実施し、地方隊に所属していた護衛艦と航空機全てを護衛艦隊と航空集団に異動させたのだ。これによって地方隊は戦力の大半を失い、有事には護衛艦隊の後方支援部隊として活動することになったのである。

とはいえ、戦闘兵器がなくなったわけではない。**輸送艇やミサイル艇（対艦ミサイルによる一撃離脱を想定した小型艦）を配備することで、一定水準の戦闘力は維持しているの**だ。

そんな、地方隊に残った数少ない兵器で、注目すべきが「はやぶさ」型ミサイル艇だろう。開発中だった新型ミサイル艇を再設計して誕生したはやぶさ型最大の強みは、なんといっても強化された速力だ。艦体構造の見直しで得られ

はやぶさ型ミサイル艇「わかたか」。部隊再編によって低下した地方隊の戦力を補う艦艇として重宝されている（写真引用：海上自衛隊ホームページ）

た速度は時速約44ノット（時速約81キロ）。海自護衛艦や歴代のミサイル艇だけでなく、世界の小型艦艇と比べても上位に入る速さである。

また、破壊力に富んだ「90式艦対艦誘導弾」の搭載やステルス性を意識した船体形状などで、敵艦攻撃能力の強化も行われている。有事では一撃離脱を仕掛ける他、平時においても、その高速性を活かし、不審船対策に投入されることが決まっている。

このはやぶさ型を配備することで、地方隊の戦闘力は最低限維持された、と言いたいところだが、配備されているのは舞鶴、佐世保、大湊のみで、隻数も全て合わせて6隻しかない。

果たして地方隊は、これからも以前のような戦闘力を維持できるのか。今後の方針に注目が集まっている。

実働部隊を裏から支える支援部隊の数々

支援目的の部隊と組織

どんなに強力な兵器を揃えたとしても、主力艦隊が単独で活躍するのは不可能だ。なぜなら、艦隊が実力を発揮するには、裏から支える支援用の部隊や組織が必要不可欠だからである。

海上自衛隊における支援組織といえば、**「補給本部」**が代表的だ。「需給統制隊」という補給活動を統率する部隊を発展させて1998年に編成された組織である。

司令部が置かれているのは東京都北区の十条駐屯地で、海自全般の補給に関する計画立案や調整、または部隊運用に必要な弾薬燃料などの備品調達や修理を担い、後方活動の頭脳として活動している。こうした後方支援を円滑に行えるよう、横須賀に艦船の物資調達などを担当する艦船補給処を、木更津に航空機支援用の航空補給処という直轄部隊をそれぞれ置いている。

他方、**現場に直結した支援部隊として「第1海上補給隊」と「第1輸送隊」という部隊がある。**艦隊への海上給油と陸上基地などへの物資輸送を担当しており、艦船補給処や航空補給処とは違って護衛艦隊の指揮下に入っている。

第1海上補給隊には現在5隻の補給艦が在籍し、そのうち2隻を占める「ましゅう」

海上自衛隊の補給本部が設置されている東京都北区の十条駐屯地。陸上自衛隊、航空自衛隊も補給基地として利用している。

型は全長約221メートル、満載排水量約2万5000トンと、護衛艦「いずも」型が完成するまでは、海自最大級の艦艇だった。これら補給艦は、呉や横須賀などの各主要港に配置され、護衛艦隊への補給任務を担当している。

一方の第1輸送隊は、3隻の輸送艦と6隻のエアクッション艇（ホバークラフト）で構成されており、海自用物資の輸送だけでなく陸上自衛隊の部隊や機材輸送を任されることもあるなど、活躍の場が多い部隊でもある。

これら補給隊や輸送隊は、物資や人員輸送に特化した構成から、**災害派遣や海外派遣に最も投入されやすい**という特長がある。そうした派遣任務で力を発揮するのが、主力輸送艦「おおすみ」型である。

その格納庫には、大型車両40輌が搭載可能で、多数の救援物資を積み込むこともできる。また、全通式甲板から発着できる輸送ヘリと、艦内に搭載したエアクッション艇2機の働きにより、内陸部や港湾施設のない海岸線への輸送と揚陸も可能となっている。

護衛艦隊を支える部隊

むろん、支援部隊の役割は補給と輸送だけではない。現代は情報がより重視され、敵軍や戦場に関するデータの有無が勝敗を分ける要素の一つになっている。このような**情報戦に対応するべく置かれているのが「情報業務群」**である。

情報業務群は横須賀の司令部と作戦情報支援隊、電子情報支援隊、基礎情報支援隊という三つの部隊で構成され、日本領海と自衛隊が派遣予定、またはすでに派遣されている区域の情報分析と収集を行うための部隊である。

また、情報収集の部隊としては**「海洋業務群」**もある。こちらは潜水艦の行動に必要な海洋データと気象データの収集分析を専任しており、観測艦を海域へ派遣してデータを取ることも珍しくない。航空集団や潜水艦隊が日夜収集した情報は、これらの部隊で分析と解析を経て、各部隊の行動に役立てられるのだ。

こうして収集した情報を活かすためには、最新兵器の研究開発も不可欠である。そこで、他機関や各種企業と共同で、新装備の開発研究と指揮システムの向上などを専任しているのが**「開発隊群」**である。

さらに、ここで開発された新技術や、実用化されている装備を扱うための人材育成部隊も編

ましゅう型補給艦「おうみ」（左）による洋上輸送
(写真引用：海上自衛隊ホームページ)

成されており、幹部候補生の外洋練習航行用の「練習艦隊」と、技能向上を目的とした「訓練支援隊」、航空機パイロットを育成する「教育航空集団」の3種が用意されている。

その他にも、掃海作業と機雷設置を任務とする「掃海隊群」、隊内の通信作業を統括する「システム通信隊群」などがある。また、前項で紹介した地方隊は、厳密に言えば支援部隊ではないが、部隊再編による戦力低下に加え、艦艇の出入港時に作業を支援する曳船や修理と補給をサポートする水船（飲料水用の運搬船）を運用していることから、事実上の後方支援隊になっている。

このように、護衛艦隊と比べれば目立たないが、主力を裏でサポートする重要な部隊が海自には数多く存在するのである。

JMSDF
JMSDF

2章 中韓軍と比べてわかる海上自衛隊の強さの秘密

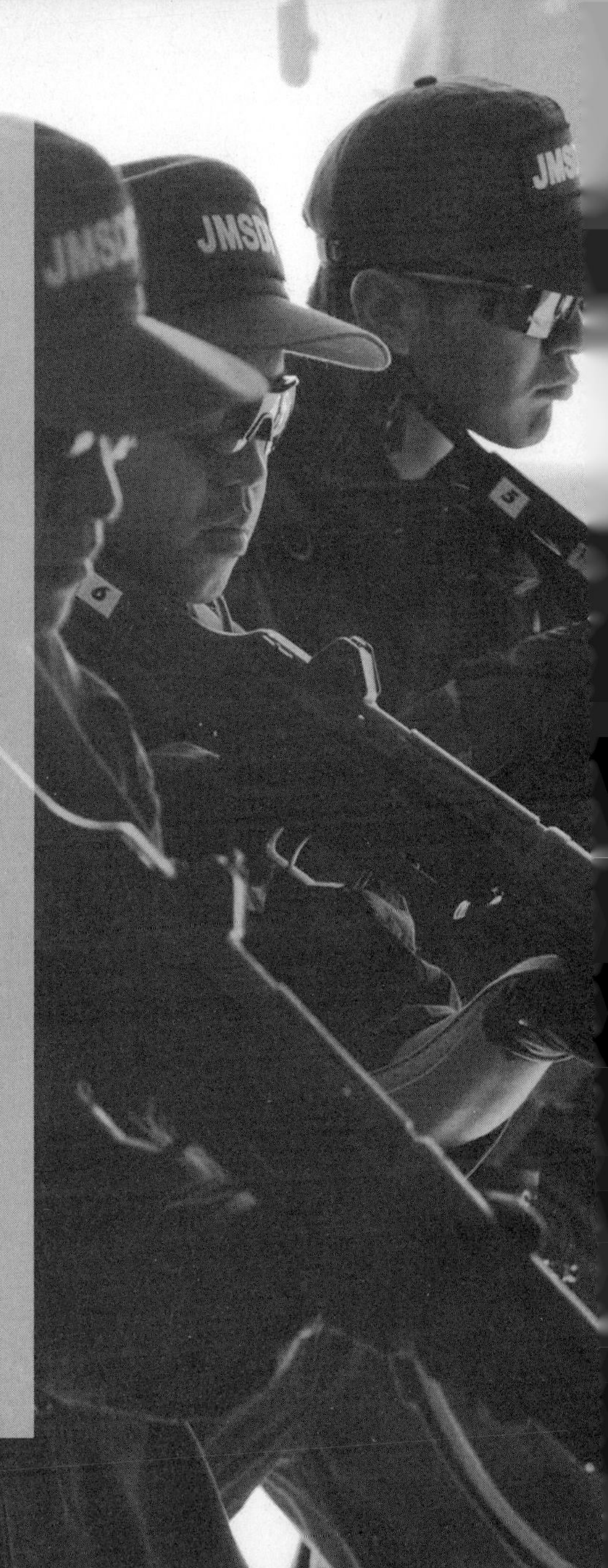

中国軍と韓国軍は本当に「強い軍」なのか？

近代化を急ぐ中国・韓国軍

水兵の数は約23万5000人、海軍航空部隊に約2万1000人、海兵隊は約1万人を擁し、潜水艦を含めた各種艦艇は1000隻以上を配備する中国人民解放軍海軍（中国海軍）。

圧倒的な兵力を誇る一方、装備は旧式で、海上自衛隊とは比較にならないほど性能が劣っているとされていた。だがその能力にも変化が見られている。

というのも、中国が最も力を注いでいるのが海軍強化と言われているのだ。ヘリコプター17機を装備できる空母「ヴァリャーグ」（中国名「遼寧（りょうねい）」）をウクライナから購入し、**揚陸艦や潜水艦能力などにも積極的な増強を行う**など、近代化を急いでいる。

また、2年間の徴兵制がある韓国海軍の人員数は、海兵隊を含めて約6万8000人と、やはり海自を上回る。**近年は東アジアを視野に入れた全方位体制を打ち出した**ことで艦艇も増し、その数は約190隻に及んでいる。

さらに、米海軍よりイージス艦「世宗大王」が配備され、その2、3番艦も2012年に竣工した。「李舜臣」などの大型駆逐艦も6隻が建造されている。

中国海軍の兵士たち。その兵力は 23 万人を超え、海自隊員の 5 倍以上に及ぶ。

韓国海軍の李舜臣級駆逐艦「文武大王」

このような中国・韓国海軍の強大な兵力は日本にとって、非常に脅威であるのは間違いない。だが軍の強さを計る指標は、兵器の保有数や兵員数だけでない。

経験不足の中国海軍

経済成長を続ける中国では、2015年にはおよそ8800億元（約17兆円）もの膨大な国防費が軍に充てられた。当然、海軍でも新兵器の開発に余念がない。ウクライナから空母を購入したのも、遠方海域での作戦遂行能力の拡充を意図したものだろう。

だが、中国海軍が「遠洋航海訓練の常態化」に本格的に着手したのは2010年で、**長期間の航行に関しては非常に経験が浅い。**それを表すのが「7日の痒み」と呼ばれる海軍兵士の症状だ。これは艦艇の出港後たった1週間で、乗組員がプレッシャーに押し潰された精神状態に陥ることを指すのだが、この言葉からも中国海軍の経験不足が窺える。

実際、中国海軍が初めて海外派遣の任務に就いたのは、海自の1991年のペルシャ湾派遣から18年後の2009年のソマリア沖への海賊対処で、この時も多くの兵士が慣れない遠洋航行のために船酔いで苦しんだと言われている。

一方、海自は1954年の創設以来、世界最強の米海軍との訓練を通じて練度の向上に努め、冷戦時代の強大なソ連海軍と対峙してきた。その蓄積された経験やノウハウは、莫大な国防費を費やしたとしても、簡単には手に入らないはずだ。

一人っ子政策を推奨する中国のタイル絵。中国政府は、2014年からは都市部にかぎり、夫婦どちらかが一人っ子の場合は第二子を認め、2015年10月には政策の廃止を決定した。

また、2015年2月、アメリカ連邦議会の諮問機関「米中経済安全保障調査委員会」が、**中国では近代兵器を扱うことができる兵士が少ない**ことを指摘している。

その一因として、一人っ子政策で甘やかされ、学習意欲に乏しい兵士が多いことなどがあげられている。艦艇はエンジン部門などの各部署が全て正常に機能して、初めて一つの戦闘単位として成立するものだ。その兵士が、調査委員会が指摘するとおり、本当に専門技術に習熟していないというのであれば、確かに致命的な欠点だといえる。

不正が相次ぐ韓国海軍

韓国海軍も中国と同じく、軍備の拡張を推し進めている。とはいうものの、近年は**軍需品を巡って不備や不正が相次ぎ、国内から批判の声があがっているのだ**。

2014年、最新鋭と謳われた救助艦「統営艦」に、40年前の性能のソナーが搭載されていたことが発覚し、大問題になった。さらにそのソナーも軍用でなく、漁業用の探知機だったというお粗末さだ。当然、韓国国内では「税金約1600億ウォン(約158億円)を投入して漁船を造ったのか」と批判が湧き上がった。

さらに同年、潜航能力を左右する燃料電池が「214型潜水艦」で100回以上停止していたことも発覚。調べを進めると、納入を早めるため、予備役の海軍大佐が虚偽の報告書を提出したこともわかった。

こうした整備不良の背景には**「不正納入」**の
横行が挙げられており、韓国軍では珍しい話ではないらしい。

不正納入とは、軍が求める性能をメーカーがクリアできない場合、装備品の導入を統轄する「防衛事業庁」が無断で評価基準を下げるなどして納入すること。そこには**軍需産業と軍部の癒着**が指摘されている。

こうした癒着が防衛の基盤を揺るがす事態であり、海軍の弱体化に繋がることは言うまでもない。

また、韓国にとって最大の敵と言えば北朝鮮だが、こと海軍に関しては、日本を標的にしているという見方がある。それは強襲揚陸艦の艦名が「独島(竹島の韓国名)」であることからもわかるだろう。

実際、韓国は2005年に、日本を仮想敵国

40年以上前の性能のソナーが搭載されていることが発覚した韓国の救助艦「統営艦」。建設には約1600億ウォン、日本円で158億円以上が費やされ、2012年に進水したが、作戦遂行能力が不足していると判断され、現在も実用化にはいたっていない（©Republic of Korea Navy and licensed for reuse under this Creative Commons Licence）

とするようにアメリカへ求めていた。当然、アメリカからは即座に拒否されたが、北朝鮮との軍事対立さえ解決の糸口が見出せない状態でわざわざ敵を増やそうとするこの行動は、得策とは言えないだろう。

そんな足元の定まらない国防方針のもとで、十分に韓国海軍が実力を発揮できるのか、はなはだ疑問ではある。

このように、**中国・韓国海軍は兵士の練度や経験、兵器の信頼性など軍事の根幹をなす分野でトラブルを抱えている。**もちろん、膨大な兵力に油断はできないし、日本の防衛体制にも改善の余地があることが指摘されている。だが、こうした諸問題が解決されない限り、両海軍を海上自衛隊より「強い」と断言することは難しいだろう。

中国の潜水艦隊は海自掃海部隊の脅威になるのか？

潜水艦の脅威

予算や技術の問題で大型艦を持てない国であっても、**潜水艦なら大国の海軍に大打撃を与えることができる**といわれている。海中から人知れず基地や艦艇を攻撃できる高いステルス性から各国で重宝されており、中小国の海軍で主力兵器とされることも少なくない。

例えば北朝鮮の場合、長年の経済不安から大型艦の建造がほぼ不可能となってはいるが、代わりに潜水艦を中心とした小型艦を大量に配備してゲリラ戦に特化している。

そして、日本の周辺にはもう一国、潜水艦戦力を重視している国がある。中国だ。

装備や空母の近代化に力を入れてはいるが、現時点で言えば中国海軍の主戦力はまだ潜水艦である。中国が保有する潜水艦は最低でも50隻は下らず、「晋」級に代表される原子力潜水艦（原潜）や静粛性の優れたロシア製の「キロ」型通常型潜水艦など、優秀な艦を多く揃えている。

特に原潜は原子炉を動力とするため、吸気や燃料補給の必要がなく、理論上では無制限の潜行活動が可能なことから、最強の潜水兵器と呼ばれている。実際には機器の整備や乗員の休養などが必要なため無限潜行はできないが、それ

中国の039A型潜水艦。NATOのコードネームは元型。ロシアから輸入していたキロ級潜水艦が元になっていると言われている。

でも数ヶ月間の無補給行動は可能となっている。

こうした**中国の潜水艦が南西諸島方面で数を増やしていることは確実**で、シーレーン防衛を主軸とする日本の脅威となっている。

しかし、中国が強力な潜水艦隊を持っていたとしても、日本の脅威にはなり得ないとの意見も少なくない。そうした主張は何を根拠に言われるのか。理由は、中国の潜水艦より、海上自衛隊の対潜能力が勝っているからだ。

潜水艦進出を阻止する部隊

太平洋戦争時の日本軍は、潜水艦対策を疎かにしたことで、アメリカ軍の通商破壊（輸送船を破壊して物資輸送を妨害する行為）を許してしまったといわれている。これに加え、機雷による主要港封鎖が重なったことで、戦争末期には慢性的な資源不足に陥ってしまった。そこで海自はこの教訓を生かし、**部隊編成や装備内容で、対潜行動を重要視するようになった**のだ。

対潜任務の中核となっているのは、やはり各種哨戒機を多数保有する「航空集団」である。約70機近くの「P3C」、及び「SH60K」といった哨戒ヘリをフル活用して、24時間態勢で日本領海に目を光らせている。その哨戒密度は極めて高く、他国からは「世界中の潜水艦を沈めるつもりか」と言われることもあるという。

もちろん、哨戒活動では潜水艦を発見するだけでなく、非常時にはパラシュート投下式の「Mk46」対潜水艦魚雷などで攻撃することも可能である。幸運にも自衛隊設立から今までに一度も攻撃命令は下されていないが、万一実戦となっても、この魚雷であれば10キロ圏内の目標をかなりの確率で撃沈することができるという。

また、数ヶ国が参加する「リムパック（環太平洋合同演習）」において、派遣された部隊がアメリカ潜水艦に幾度も撃沈判定を与えた話が残っているように、**隊員の練度も非常に高い**。そうした国内外の訓練で鍛えられた技量は、実際の現場で発揮されているのだ。

彼ら哨戒部隊の実力を知る事件として挙げられるのが、2004年に石垣島周辺海域で起きた、中国原潜による領海侵犯だろう。この際にも、必死に追跡を振り切ろうとする中国原潜の抵抗も空しく、「P3C」は逐一追尾し続けた。そして2013年5月に南大東島付近の海域で発見された潜航中の中国原潜に対しても、追尾し続けただけでなく、音響探知機の音波を当て

対潜任務で活躍する日本の哨戒ヘリ SH60K（写真引用：海上自衛隊ホームページ）

て警告する余裕を見せつけたのである。

ただし油断は禁物である。そもそもなぜ中国潜水艦が日本領海近辺に出没するかというと、**哨戒部隊のデータ収集**が目的だと言われている。つまり、わざと近海に出撃して哨戒部隊を誘いだし、到着にかかる時間や行動パターンといったデータを収集している可能性があるのだ。

ここで収集されたデータを活かして増強を続ける中国潜水艦隊とは違い、海自哨戒部隊は主力のＰ３Ｃが老朽化のために年々機数を減らし、後継機であるＰ１哨戒機の配備も進んでいない。もしもこのまま中国軍の強化が続き、逆に哨戒部隊の旧式化が放置されたらどうなるだろう。ひょっとすると10年後には、海自哨戒部隊では中国潜水艦隊を食い止められなくなるかもしれないという、不安も否めないのである。

中韓の海軍は海上自衛隊より練度が低い？

実力とは裏腹なパレード

「抗日戦争勝利70周年記念軍事パレード」で、1万人を超える兵士たちが一糸乱れぬ行列を見せつけ、統率力をアピールした中国軍。天安門広場で執り行われた迫力ある光景を見て、脅威すら感じた人もいたかもしれない。

だが、その華麗さはあくまで見世物。実のところ、**中国軍の兵士の練度は自衛隊に比べて低い**と考えられている。

中国で海軍が創設されたのは1949年。歴史はあるが、朝鮮戦争でアメリカ軍から空爆の被害を受けた中国軍は、海軍より空軍の強化を優先。さらに、造船技術の提携を受けていたソ連と1960年代に関係が悪化し、技術の供給源を失ったことで、海軍の近代化は遅れた。

それでも、1980年代には艦艇の建造などを本格的に着手。90年代から2000年代にかけて軍拡を推し進めた。だが、それと反比例するように目立ち始めたのが、兵士の質の劣化だ。

軍部を悩ます小皇帝問題

2015年8月、香港メディアの『サウスチャイナ・モーニング・ポスト』は中国海軍兵

中国海軍陸戦隊の兵士たち。海上自衛隊員と比べた彼らの実力やいかに。

士の訓練不足を報じ、**「海上自衛隊に匹敵する能力を持つには、あと10年はかかる」**と論じた。その訓練不足の原因の一つとして取り上げられるのが**「小皇帝問題」**だ。

1979年、中国は人口増加の抑制策として「計画生育政策」、いわゆる「一人っ子政策」を導入。その結果、両親から溺愛されて育った「小皇帝」と呼ばれる若者が増えた。小皇帝の特徴は、**協調性がなくわがままで、忍耐力のないこと**。つまり、高い規律と忍耐が求められる軍人とは、全く正反対の性格といえる。

そんな小皇帝たちに海軍自身が手を焼いている様子が、2013年10月の軍報から窺える。そこには「各艦に乗る政治工作班は小放送、小娯楽、小鼓舞等の小活動を実践し、将兵の敢闘精神を高揚しつつ肉体的・精神的ストレスを緩和した」とある。「敢闘精神の高揚」と言葉は仰々しいが、要は艦内にDJを入れ、音楽や踊りを楽しませたということで、これでは「娯楽を与えてわがままな兵士たちの機嫌をとっています」と宣伝しているようなものである。

一方、海自の場合、数カ月にわたる遠洋任務でさえ、娯楽というものが基本的には存在しない。それどころか、体力強化のため甲板でジョギングや筋トレを行うのが日課となっている。

現在、中国軍の20代から30代の兵士のうち、**小皇帝は約10万人**とされ、今後も増加する傾向にあるという。

泳げない韓国海軍の兵士

では、韓国はどうか。韓国海軍には海兵隊員を含む6万8000人が所属し、海自の4万2000人を上回っている。とはいえ、志願制の自衛隊と違い、**韓国では徴兵制によって兵士を補充している**ことを忘れてはならない。

韓国では満19歳以上の男子に、約2年の兵役を課している。正当な理由なく拒否すれば、実刑判決を受け服役することになるし、企業は採用の際、兵役経験の有無を重視する。そのため、**仕方なく兵役に就いている者も多い**のが実情だ。

また、現代戦は兵士の数よりも、知識と技術力が勝敗を左右する。2年という期間で艦艇の操縦や潜水、通信などといった技術を習得できるか、はなはだ疑問ではある。

さらに、そうした技術習得以前に、韓国海軍には耳を疑うような話もある。

2010年9月、中国共産党中央委員会の機

演習に臨む韓国海軍の兵士たち。韓国では満 19 歳以上の男子は約 2 年の兵役が義務付けられている。

関紙『環球時報』は、韓国海軍に所属する兵士約2万6000人の水泳テストの結果を報道。**それによると、60パーセント以上の兵士が「まったく泳げない」か「5分しか泳げない」**状態だったという。学校で水泳の授業がほとんどないという事情もあるだろうが、海軍兵士がカナヅチというのはシャレにもならない。

海自でも入隊前は泳げなかった隊員はいる。だが、教育期間中に特別プログラムが組まれるし、隊員自身も自主練習に明け暮れるので、必ず泳げるようになるという。

兵士のわがままに苦慮する中国海軍、嫌々ながら入隊し、基本中の基本である水泳能力にすらトラブルを抱える韓国海軍。この両軍兵士と、自らを徹底的に鍛える意志のある海自の隊員とでは、その練度の差は歴然としている。

韓国の海軍は日本近海での戦いに向いていない？

韓国艦艇に見られる弱点

海兵数約4万人、海兵隊員約2万4000人、所有艦数は補助艦合わせて210隻。これが2015年における、大韓民国海軍（韓国海軍）の陣容である。

かつては経済不安の影響で沿岸警備隊と同程度の戦力しかなかったが、2000年代から始まった経済成長により軍事費が増額。GDP比で毎年2・5パーセント近い額を投じて強化していくことで、**韓国海軍は急激に発展**していくことになった。

その結果として、艦艇数が大幅に増加した。4400トン級の「広開土大王」級駆逐艦、ヘリを10機運用可能な強襲揚陸艦「独島」級といった世界クラスの新鋭艦を続々と送り出し、さらには**イージスシステム搭載型の「世宗大王」級駆逐艦を実用化**したことで、アジアで2番目のイージス艦保有国となった。

ただし韓国の国防費は、2015年の防衛白書によると約37兆4560億ウォン（約3兆5000億円）にとどまっている。日本の防衛費（約4兆9800億円）を下回る金額では、艦艇数の早期拡充は難しいはずだ。

では、艦艇や装備の数を用意できない状況下

韓国の大型駆逐艦「広開土大王」。海自のこんごう型護衛艦などにも配備されているオート・メラーラ社の 127 ミリ速射砲を備えている。

「独島」級揚陸艦。2007 年に就役した。ヘリ 10 機を搭載でき、能力的には航空機の搭載も可能。

で、韓国はいかにして海軍を強化しているのだろうか？

答えは個艦能力の向上、つまり艦艇を重武装化することによって、数の劣勢を「質」で補おうとしたのである。

こうした考え自体は珍しいことではない。実際、太平洋戦争前の旧日本海軍も、戦闘能力に優れた艦を建造することで、アメリカ海軍との物量的不利を縮めようとしていた。

しかし、韓国が採ったこの方法には、致命的な弱点があった。

艦艇を重武装化すれば、どうしても艤装（搭載する装備品）が多くなる。すると、武器やレーダーといった装備は艦上に搭載されるため、**重心が上部に偏って重量バランスが悪くなり、艦艇のトップヘビー化を招いてしまう**のだ。

トップヘビーとは、重心が上部に偏りすぎることで復元力（船が元の位置に戻ろうとする力）が極端に低下する状態のことを指す。

船は旋回時に遠心力で船体が傾いてしまうが、このとき復元力がはたらいていれば、傾斜は最小限で済む。しかし、重心が上に行きすぎバランスが崩れていると、船は元へ戻らず内側へ傾きすぎてしまう。その結果、トップヘビーの船は**通常の船舶より転覆しやすくなってしまう**のである。

そして、**このような欠陥を、韓国の主要艦艇のほとんどが抱えている**のではないかと指摘されているのだ。

その声は国外からもあがっており、イージスシステムを採用したあの「世宗大王」級ですら、艤装の積み過ぎで重量バランスが極端に悪いと

韓国の犬鷲（コムドクスリ）型ミサイル艇。2013年11月、建造中だった最新型の同型艦が、強風と浸水の影響で沈没。修復不可能と判断されたため廃棄することになった。トップヘビーであることに加え、船足も大分浅い造りだったことが影響していると考えられる。この艦艇以外の韓国艦艇も、多くがトップヘビーでバランスが悪いと指摘されている（©Republic of Korea Navy and licensed for reuse under this Creative Commons Licence）

言われるほどだ。韓国艦艇全体に共通するこの特徴が、韓国軍にとって大きな不利となるのは間違いない。

では、トップヘビーによる不利というのは、具体的にはどのような状況が考えられるのだろうか？

外交関係上、韓国海軍と海自の軍事衝突が起きる可能性は低いが、何かトラブルが起きるとすれば、領有権問題で日韓が互いの主張を譲らない竹島が舞台になると考えられる。

竹島が位置する日本海は、日本の周辺海域の中でも特に荒れやすく、冬場は大波が頻繁に起きることで有名である。もしも竹島近辺で偶発的戦闘が起こってしまったら、季節や気候によっては時化に遭遇することもあるだろう。

復元力が弱い韓国艦艇は当然横波にも弱く、**日本海での行動には決定的に向いていない**。戦闘時に急激な転舵をすれば、転覆沈没の可能性はより高まってくるはずだ。

実際にトップヘビーの艦艇が荒れた海で行動すればどうなるかという事例も、世界史の中には少なからず残されている。その代表的な例が、日本とアメリカだ。

装備を積みすぎて沈没

1934年、佐世保港近海で演習中の**水雷艇「友鶴（ともづる）」**が、台風で転覆沈没するという事件が起きた。

「友鶴」とは、質でアメリカを凌駕するという上層部の方針に基づき開発された艦艇で、小型の艦体に連装魚雷発射管や12・7センチ砲などを積みこんで卓越した攻撃力を実現した、旧海軍自慢の水雷艇だった。

ところが調査の結果、沈没はその重武装が原因であったことが判明した。つまり、小型艦に限界以上の武装を施したことで艦体のトップヘビー化を招き、それによって復元性が極度に悪化。台風の暴風に耐え切れずに横転したというわけだ。

「友鶴事件」と呼ばれるこの沈没事件と、翌年に台風で演習艦隊が損害を受けた「第四艦隊事件」の結果、旧海軍は艦艇の極端な重武装化を見直しバランスも重視するようになった。

だが、それから10年後、今度はアメリカ軍を同様の災厄が襲った。1944年12月にフィリピン沖を航行していたアメリカ機動部隊が、台

日本軍の水雷艇「友鶴」（上）とファラガット級駆逐艦「モナハン」（下）。両艦とも重装備が仇となって台風で転覆してしまった。

風の直撃を受けたのだ。

猛烈な暴風雨に晒されたことで、3隻の米軍駆逐艦が沈没。そのうち2隻がトップヘビーの設計が問題視されていた「ファラガット」級だった。

これらの事件から教訓を学んだおかげで、**海自に現在配備中の護衛艦には極端に重心バランスの悪い艦はない**。

こうした艦艇の特徴を鑑み、さらに戦場を日本海のみに限定すれば、艦の安定性に優れた海自護衛艦が優位に立ち、逆に韓国の艦艇は、70年以上前に日米が犯した失態を繰り返すことにもなりかねない。別の海域で戦えば話は変わってくるだろうが、基本的には荒波に弱い韓国艦隊が海自の護衛艦隊に苦戦を強いられるのは、まず間違いないだろう。

中韓は外交関係上日本との戦争に集中できない？

戦争状態の韓国と北朝鮮

現在、日本が紛争に巻き込まれるような外交問題としては、**中国との尖閣諸島や韓国との竹島の領有権を巡る争い**が挙げられるだろう。

だが、その両国が大軍を率いて**日本を侵攻する可能性は低い**と言われている。それは中韓両国とも、日本だけに全戦力を注ぎ込むことができない、外交上の問題を抱えているためだ。

まず韓国には、北朝鮮という最大の対立国が存在する。1950年に勃発した朝鮮戦争は60年以上経った今でも終結の兆しは見られず、東アジアの冷戦地帯として、南北が対峙する事態は継続されている。

ただ、経済が破綻寸前の北朝鮮は兵器の老朽化が著しく、海軍の大型艦も1960年代の日本の自衛艦と変わらないレベルだ。

片や韓国軍は2000年代から始まった経済成長のおかげで最新鋭の兵器を持っているし、交戦状態になってもアメリカの支援が見込めるため、北朝鮮に負けるとは考えにくい。

だが、**韓国にとって脅威なのは、北朝鮮海軍が保有している数百隻の小型哨戒艦や小型潜水艦**だろう。というのも、これらの艦艇に工作員を乗せて他国に潜入させるのは、北朝鮮の常套

韓国と北朝鮮を隔てる38度線。1953年、朝鮮戦争の停戦ラインとして軍事境界線が引かれたが、いまだ解決にはいたっておらず、対立は続いている

手段だからだ。

そして、潜伏した工作員が行う破壊活動は、38度線からの侵攻より憂慮すべき事態と言われている。

実際1996年には、北朝鮮工作員が潜水艦で韓国に極秘潜入した「江陵浸透事件」が起こっており、その際に韓国の兵士13人と民間人6人が犠牲になっている。

この事件を受け、韓国は地上戦の対策だけでなく、海軍による沿岸防備も強化。これまで戦闘兵力のなかった韓国東部の鬱陵島（ウルルンとう）に、海兵隊を配置する案も進めているという。ただし、鬱陵島は竹島から約90キロメートルの距離にあるため、そこに海兵隊を置くことは日本への警告の意味合いがあるとも考えられる。

現在、北朝鮮は食糧難など非常に逼迫した状況で、軍部の暴走といった不測の事態も十分考えられる。その場合、北朝鮮軍約120万人の矛先が真っ先に向かうのは地続きの韓国であることは間違いない。

声高に竹島の領有権を主張する韓国だが、**対北朝鮮の兵員を割いてまで、日本に侵攻する余裕はない**という見方が一般的だ。

領土拡大で各国と対立

一方の中国は、東は北朝鮮、西はインド・パキスタン、南はミャンマー・ベトナムなどの東南アジア諸国、そして北はモンゴル・ロシアと国土の四方が他国と陸で繋がっている。そして**これら周辺諸国と中国は、必ずしも友好的な関係にあるとは言えない**。

米軍基地で演説する韓国の朴槿恵大統領（©UNC - CFC - USFK and licensed for reuse under this Creative Commons Licence）と北朝鮮の金正恩第一書記（©Bonhomme Richard and licensed for reuse under this Creative Commons Licence）

とりわけインドとは、1962年に国境を巡って紛争に発展したこともあり、2013年4月にも中国軍がインドの支配地域に侵入し、インド軍と睨み合う事態が起こるなど、現在でも軍事的緊張は続いている。

そのインド軍は、兵力約130万人と中国軍に数では劣るものの、海軍については歴史的にイギリスとの繋がりがあることから、最新鋭の技術の提供を受けており、中国海軍よりも強いという評価もある。

さらに、近年は中国との対決姿勢も強めつつあり、「今後、中国との戦争も起こりうる」と、インド国内のメディアは報じている。

また、中国はロシアとも、1969年に国境のウスリー川にある珍宝島（ロシア名・ダマンスキー島）の領有権を巡って大規模な国境紛争を起こしている。今は政治的に接近している両国だが、領土争いが再燃し、関係が冷え込むことも、決して考えられない事態ではないのだ。

南シナ海における横暴

このように、中国軍は隣接する国々に対し常に警戒を怠ることができない状況にあるが、軍の配備が必要なのは、陸地の国境線だけに限らない。

現在、**中国海軍は南シナ海の南沙諸島周辺に艦艇を派遣**しており、その目的は島々を実効支配し、海底に眠る油田などの資源を確保することだと言われている。

だが、この海域ではフィリピンやベトナムなども領有権を主張しており、中国は大陸のみならず海上でも他国と対立することになった。そして、その中国海軍の活動は極めて強引で好戦的なため、周辺諸国は反発を強めている。

例えば、中国海軍は1988年に南沙諸島周辺でベトナム海軍と交戦し、ベトナム側に約400人の死傷者を出すなどの軍事衝突を起こしている。その後も勝手に人工島を造成して「自国の領土」と主張したり、南沙・西沙・中沙諸島を「三沙市」と一方的に宣言し、統治を始めたりするなど、傍若無人な振る舞いをエスカレートさせている。

2015年10月、こうした横暴さに業を煮やしたアメリカは、イージス駆逐艦を南洋諸島に派遣。アメリカからすれば、中国に南シナ海を制圧されることは、太平洋への進出を許すことであり、アメリカの戦略拠点であるグアムや沖

南沙諸島にあるファイアリー・クロス礁。周辺では中国が一方的に人工島や港を増設し、アメリカやフィリピンは警戒を強めている。

縄、ハワイなどにも中国の軍事的圧力がかかってくることを意味する。また、国際法を無視する中国の態度は、アメリカが戦後につくり上げた国際秩序への挑戦でもあるため、黙っているはずがなかった。

つまり、中国海軍は東南アジア諸国のみならず、**世界一の軍事力を誇るアメリカとも対峙する局面を迎えた**ことになる。

このような事情のため、もし尖閣諸島を巡って一触即発の事態が起こっても、中国軍は日本に兵力を集中させることはできない。万が一、日本を侵略するにしても、アメリカやインドなど軍事大国への警戒のため、相当の戦力を残しておかねばならないだろう。海上自衛隊の防衛力は、そんな片手間の攻撃に屈するほど脆弱なものではないはずだ。

追いつかない近代化 旧式兵器がいまだ多い中国海軍

アジア最大規模の海軍

海上自衛隊が中国海軍に勝てないという根拠に、**圧倒的な物量の差**が挙げられることが多い。

かつての中国海軍は、経済不安と陸軍重視の方針から近代化が遅れ、沿岸警備隊と変わらない程度だと言われることもあった。

だが、21世紀現在の中国海軍の兵力は約24万人。陸軍約160万人の8分の1以下ではあるが、保有艦の総数は約870隻にのぼる。大部分を占める補助艦を差し引いたとしても、潜水艦約60隻と駆逐艦・フリゲート艦約70隻を有しており、2012年には空母1隻までもが加わった。韓国軍が戦闘艦24隻と潜水艦15隻、海自が護衛艦48隻と潜水艦16隻であることを考えれば、中国海軍の保有数がいかに飛び抜けているかがわかるだろう。

これらの艦艇は黄海方面に展開する北海艦隊、東シナ海を活動範囲とする東海艦隊、南シナ海を防衛する南海艦隊の3艦隊に分割配備されている。**軍備に掛けられている費用は世界第2位。海軍の規模も3位以内に入る**と言われるほどで、数に劣る海自は太刀打ちできるわけがない。それが海自が不利だという意見の根拠である。

だが、中国海軍が抱える**「兵器の旧式化」**と

1970年代に建造された旅大級駆逐艦「西安」。現在も10隻以上が使用されており、老朽化が目立ってきている。

いう問題を知れば、海自は敗北するどころか優位に立っていることがわかるはずだ。

中国海軍は冷戦終結後より近代化を進め、数々の新鋭艦を投入しているが、全体の3分の1程度とまだ少なく、**1980年代までに製造された艦艇も珍しくない**。70年代から建造が始まり、いまだ10隻以上が稼働している「旅大」級駆逐艦がいい例だ。主戦力として拡充された潜水艦は新型の割合が水上艦より大きいが、それでも半分ほどが旧式のままだという。空母を艦隊に加えたといっても、旧ソ連の旧式艦であるため、実戦にはまず耐えられない。

これらのことから、**艦艇の質でいえば、海自がまだ有利に立っている**と言えるのだ。

また、中国海軍には兵器以外にもう一つ、旧式化が問題となっている部分がある。

システム面の不満

現代戦ではただ数をそろえればいいというわけではない。**兵力を統率し、効率的に運用するためのシステムも重要**だからだ。代表的なシステムがイージスシステムだろう。

イージスシステムとは、100以上の目標を自動察知し、さらには他艦とのデータリンクの中継点となって情報の相互共有を可能とする、アメリカ製のシステムのことである。この技術を採用することで、アメリカの同盟国は高い防空力と艦隊統率力を身につけた。

これに対して中国海軍には、**イージスシステムやそれに準ずる統率システムが存在しない**。中華版イージス艦と呼ばれる「蘭州」級駆逐艦が建造されてはいるが、海自やアメリカ海軍には及ばない、というのが一般的な見方である。

では、数は揃っても、兵器の質とシステムの劣る軍が現代戦を戦ったらどうなるか。それは湾岸戦争の例を見ればよくわかる。

アメリカ軍主体の多国籍軍を迎え撃ったイラク軍は、旧ソ連製の兵器を多数所持していたため、物量では大きな差をつけられてはいなかった。また、砂漠戦ということもあって、アメリカにも多数の被害が出ると予想されていた。にもかかわらず、ふたを開ければ多国籍軍の圧勝。イラクの戦闘機は最新の管制システムに統率されたアメリカ軍機になす術もなく撃墜され、戦車部隊も一方的に撃破されたのだった。

一方的に終わったこの戦争で、世界は一つの教訓を得た。すなわち、物量は勝敗を分かつ要

湾岸戦争で投入された当時の米軍の最新戦闘機 F15。最新のシステムを駆使した米軍の戦略にイラク軍はなす術もなかった。

因になり得るが、兵器とシステムの性能に差がつきすぎている場合は、その限りではない、ということである。

これは中国海軍と海自、アメリカ海軍にも当てはまるだろう。**海戦が起きたとしても、質の優位で中国海軍を撃退できる可能性が高い**のだ。

もちろんこれらの問題は中国も承知しており、海軍の改善が急ピッチで進められている。2015年9月3日の抗日戦争勝利70年式典では、習近平国家主席が30万人規模の軍縮を発表。浮いた資金で空海軍の近代化を進めることが真の狙いとされている。

このように、中国軍は空海軍優先へシフトしつつあるが、海軍のノウハウに乏しいため簡単に強化できるとは言いがたい。そのため、今後10年ほどは海自の優位は保たれるとされている。

戦闘シミュレーション 南西諸島海域での日中海戦

中国軍が掲げる野望

日本と中国の関係悪化について、歴史認識の違いが原因と言われることがある。だが、関係悪化の原因として、中国軍の戦略も無視してはいけないだろう。

現在の中国海軍は**「列島線戦略」**という方針を掲げている。その内容は、九州からボルネオ島までのラインを第1列島線、伊豆諸島からニューギニアを第2列島線と定め、線内の領域を支配下に置くという野心的なものだ。

この戦略を成すには、大陸に蓋をする形の日本列島を越えるため、日本の領海を通過する必要がある。中国の強硬な対日姿勢には、こうした背景があるわけだ。こうしたことから、今後さらなる日中関係の悪化が懸念され、突発的な武力衝突を危惧する意見も少なくない。

そして、日中衝突が起こるとすれば、やはり近年話題になっている**尖閣諸島**だろう。

南シナ海南西部に位置する尖閣諸島は、漁業関係者以外、長年注目されていなかった。

だが、海底資源が存在する可能性が指摘された1990年代初頭を境に、中国が突然、領有権を主張し始めた。尖閣が中国の領土となれば、海底資源を独占できるだけでなく、南西諸

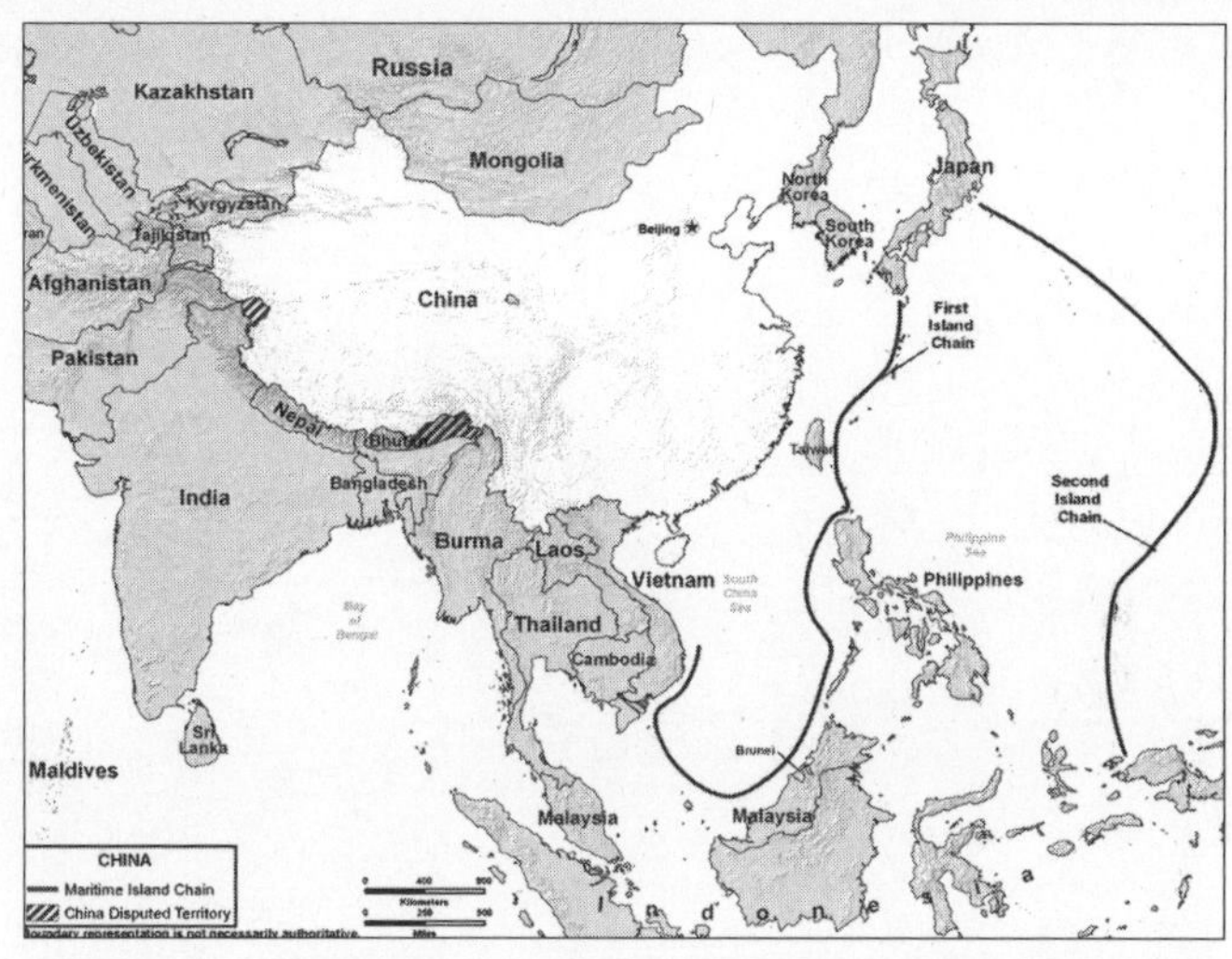

列島線戦略図。九州からボルネオ島まで延びる線が第１列島線、本州伊豆周辺からニューギニアへ延びる線が第２列島線（アメリカ国防総省「Military Power of the People's Republic of China 2009」より）

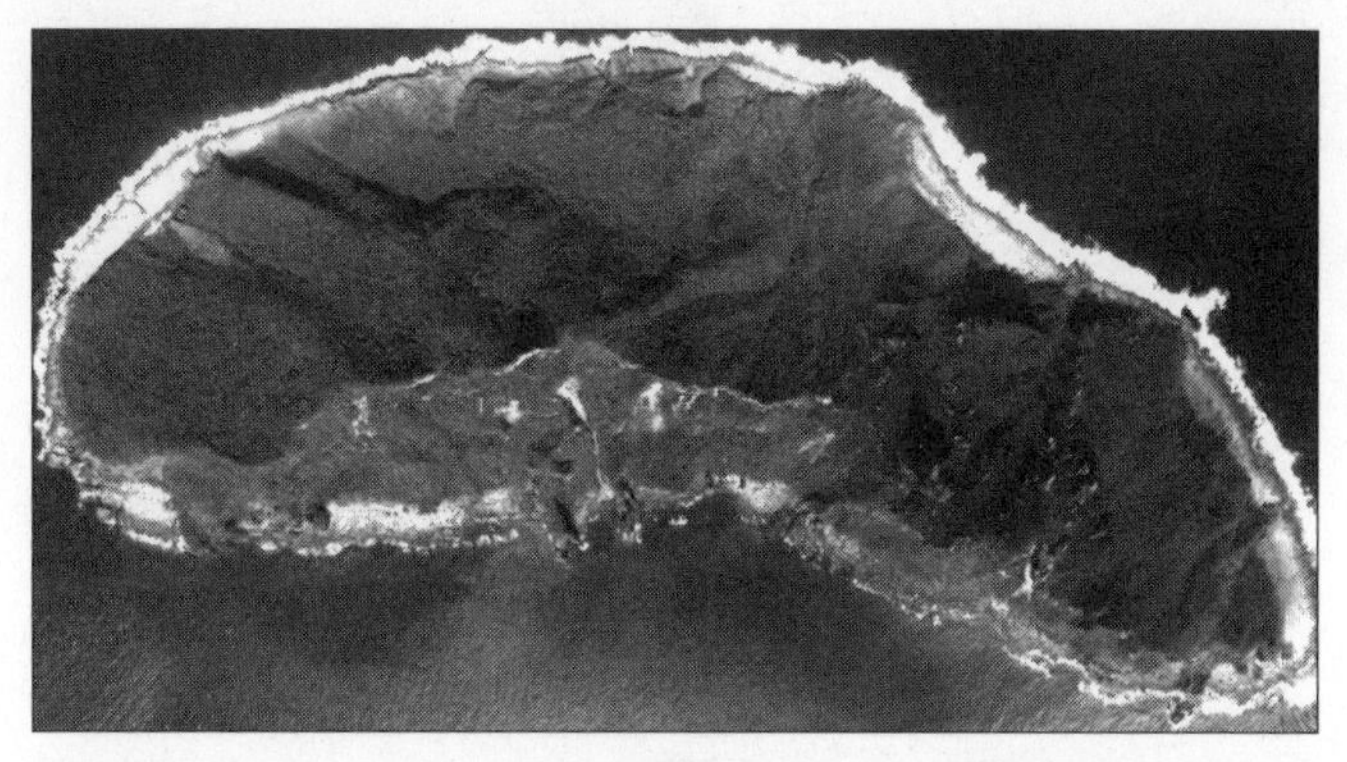

尖閣諸島の魚釣島。2008 年 12 月、中国公船が初めて尖閣諸島周辺の日本の領海に侵入し、2012 年の尖閣諸島国有化以降の数ヶ月は頻繁に周辺海域に侵入するようになった（写真出典：国土画像情報（カラー空中写真）より）

島への足掛かりとして第1列島線の突破すら容易となるからだろう。

世界地図を逆さまにすれば分かりやすいが、中国本土から太平洋に出るには、南西諸島近海を通過するのがもっともスムーズだ。つまり中国は、**資源と軍事拠点の両方を手に入れようとしている**にほかならない。

日本政府は当然主張を認めてはいないが、中国は漁船や警備艇を近海へ派遣し、実効支配を確立しようとしている。

2013年には尖閣近海に出没した中国のフリゲート艦「紅衛Ⅱ」級に護衛艦「ゆうだち」がレーダー照射を受ける事件が起きたほどである。戦闘行為と捉えられてもおかしくない行動をとって日本を挑発したわけだ。

在日米軍という抑止力があるので日中の全面戦争にはならないと考えられてはいるが、こうした事件がエスカレートしていけば、突発的な軍事衝突に発展しないとも限らない。

それならば、もし中国軍と自衛隊が実際に戦ったら、どのような展開が待っているのだろうか?

尖閣諸島での戦闘

2016年から数年後、不動産バブル崩壊に始まる景気の悪化は終息を見せず、広がり続ける貧富の差は人々に共産党への不満を抱かせていた。高まる国民の不満を解消するべく、共産党は尖閣諸島への対応強化を決断する。戦闘艦を尖閣近海へ派遣することで、日本への強気の対応を示し、国民に強い政府をアピールしよう

中国艦艇からレーダー照射を受けたむらさめ型護衛艦「ゆうだち」
(写真引用：海上自衛隊ホームページ)

というのである。

国民の不満程度で軍隊など動かさないとする意見もあるが、中国は共産党の一党独裁国家だ。もし仮に共産党が支持を失い体制が崩れると、最悪の場合、国家の崩壊にもつながりかねない。1990年代初頭のソ連がいい例だ。

国家を維持するためなら、中国は戦闘艦を派遣するくらいは平気で実行するかもしれない。事実、2013年のレーダー照射事件を引き起こしたのは、尖閣諸島近海に派遣された海軍の戦闘艦である。

戦闘艦の派遣程度であれば、日本政府が中国へ猛抗議しても海上自衛隊との戦闘にはならない。だがもし、中国の艦艇が海上保安庁の巡視船や駆けつけた護衛艦を勢い余って攻撃してしまったらどうだろうか？

中国艦の先制攻撃を知った総理大臣は、海自の出動を決断するだろう。佐世保の第2護衛艦群へ出動命令を発し、対する中国軍も北海艦隊を増援として出撃させる。空母は研究用ゆえに動かせないので、実働戦力は駆逐艦などが10隻程度となるはずだ。

現在の中国軍将校は、江沢民元主席の激しい反日教育を受けた世代が多数を占めている。そんな彼らが、睨みあいを続ける海自艦隊を前に果たしてどれだけ我慢できるだろうか。

緊張の糸が切れ、1隻でも暴走して攻撃を開始すれば、他艦も追従して対艦ミサイルを発射するかもしれない。中国海軍の艦対艦ミサイル「HHQ9A」は射程約120キロメートルを誇る強力な兵器である。

まさかの攻撃を察知した海自護衛艦群は、防衛行動を取りつつ「SSM1B」艦対艦誘導弾での反撃を試みるだろう。

ここで**艦隊防空力の違い**がものを言う。海自にはイージス艦を主軸とする強固な防空システムがあるのに対し、中国海軍には同等のシステムが整備されていない。こうした防空力の違いにより、中国の艦隊は多くが大破・撃沈され、尖閣諸島から撤退するだろう。

残存の潜水艦が反撃をするかもしれないが、対潜に特化した海自の護衛艦からすれば大きな脅威にはならないだろう。

そうして尖閣を中心とした南西方面の海戦は、海自の勝利で終わる。

2016年から数年後を想定したとはいえ、現時点に同様の戦いが起きても装備とシステムの差で海自が勝利を収めるはずだ。

中国海軍総司令・呉勝利（左）と最高指揮官・習近平国家主席（右）（右写真：©Antilong and licensed for reuse under this Creative Commons Licence）

しかし、仮に海戦に勝利できたとしても、尖閣問題の解決に繋がるとは限らない。

重要なことは、そもそもの目的からして、中国が全面戦争を望んでいないということだ。

そのため共産党と人民解放軍は**最低限の戦力のみを派遣して、積極的な戦闘を禁止する**ことが予想される。**そのうえで、外交上での決着を図る**だろう。

したたかな中国のこと、敗北を利用して国民へ復讐心を植え付け、軍備増強をさらに加速させるかもしれない。経済力を武器に国際世論への働きかけも忘れないだろう。

そうなれば、日中の戦力差は急激に縮まり、軍事的優位が崩れる恐れも出てくる。日中海戦の勝利が逆に、日本の重大な危機を生むという展開も想定できるのである。

3章 世界の海軍 驚愕の最新兵器

いずも型護衛艦（日本）ヘリ空母の異名を持つ最新鋭の護衛艦

艦隊指揮用の空母型護衛艦

2015年3月、中韓の脅威が強まる中で、護衛艦隊に新たな艦艇が加わった。海自史上最大級の大型艦で名を**「いずも」型**という。

いずも型は、海自で初めて指揮統制システムを実装した「しらね」型の後継として建造された、**ヘリ搭載型護衛艦（DDH）**である。全長は約250メートルと、それまで海自最大の「ましゅう」型補給艦（全長約221メートル）を超えただけでなく、旧日本海軍空母「加賀」（全長約238メートル）をも上回っている。

武装は対空ミサイルとCIWS（航空機迎撃用の全自動対空機銃）のみではあるが、最大の特徴といえば**大型の甲板**だろう。艦体中央の艦橋や砲塔といった通常護衛艦の面影を色濃く残していた「しらね」型に対し、いずも型はそうした装備を全て撤廃。小型の艦橋を端に寄せ、全通式甲板が中央に置かれている。その姿は、さながら空母のようである。

だが、日本政府はいずも型を空母とは呼ばず、空母のような護衛艦という見解を貫いている。さらに言えば、この艦が搭載するのは戦闘機ではなく哨戒用のヘリである。

ヘリの搭載数は最大13機を数え、甲板には5

いずも型護衛艦。各艦艇、哨戒機を指揮する機能をもつ（写真引用：海上自衛隊ホームページ）

機まで駐機可能。有事にはヘリによる対潜行動に従事するほか、艦内のデータリンクシステムを用いて艦隊を指揮統率する役目も担っている。

簡単に言えば、いずも型は**潜水艦対策と艦隊指揮用に建造された、生まれながらの旗艦**なのだ。さらに、ヘリ格納庫の積載量を活かした災害時での活躍も期待されている。

しかし、いずも型が注目されているのはこうした性能だけではない。なんと、**少しの改造で戦闘機が搭載可能になるといわれている**のだ。

根拠とされているのがエレベーターの構造だ。艦体後部に設置されている外側式のエレベーターは、ヘリ用の中央エレベーターとは違って、大型機ですら運用可能な収納力がある。戦闘機すら昇降可能と見られるこの装備こそが、将来の空母化を想定している証拠というわけだ。

一方で、空母化はあまり現実的でないとの意見もまた多い。**空母にするとしても、手間と費用がかかりすぎる**からだ。

空母化のため甲板を改造するとしても、ジェット機の排熱に耐えられる素材へ変更し、カタパルトの設置が必要となる。艦載機のサイズによっては格納庫を拡張しなくてはならず、数年単位のドック入りとなるのは確実である。

そのうえ、空母護衛用の艦艇建造と艦載機調達、乗員や艦隊の訓練にも莫大な費用と時間がかかるのだが、最大の問題は70年以上空母を持たなかったせいで、旧海軍の**空母運用ノウハウが完全に失われている**ことだ。

運用法がわからないのでは、仮に改造しても研究から始めなければならず、実際に空母を実用化した中国でさえ、実戦配備はせずに研究用に回している。

完成したいずも型2番艦

そんないずも型の1番艦が就役してから約5ヶ月後の8月27日、横浜市の磯子工場に早くも2番艦が姿を現した。華々しい進水式で送り出された新型艦の名は**「かが」**。なんと旧海軍の空母「加賀」と同名なのである。

同型艦であることから1番艦いずもの外見から大きな変化はない。しかし進水式での目撃情報によると、細かな違いが見られたという。

例えば、舫い綱（船を他船や岸につなぐための綱）を結びつけるためのリール部分など、艦体の開閉部分には必ず遮蔽板や蓋が付けられている。これは、艦内からの排熱を可能な限り防

新型護衛艦「かが」の命名・進水式の様子（写真引用：海上自衛隊ホームページ）

ぐと同時に、突起物をできるだけなくしてステルス性を向上させる工夫と予測される。

また、艦橋のマスト下部にはいずもにはなかったレドーム（レーダーや電子機器を保護する覆い）が確認されている。どのような装備か、詳細が公表されていないので不明だが、電子機器の覆いという性質から、新型電子機器である可能性は非常に高く、**装備の見直しと改良でかがの指揮能力はいずものそれを上回っているとの見方も強い**。

残念ながら、いずも型の建造は2隻で終わるが、かがは艤装の取りつけと各種試験を終えた後、２０１７年春に就役する予定だ。配備先は第２護衛艦群になると見られている。どの部隊に配備されるにしても、かがの完成で護衛艦隊がさらに強化されることだけは、確実である。

あたご型護衛艦（日本）高い防衛力を誇る日本のイージス艦

海上自衛隊のイージス艦

イージスシステムはなぜ誕生したか。答えは米ソ冷戦にある。旧ソ連海軍は物量戦を戦術の一つとし、アメリカ海軍は**ミサイルの波状攻撃を防ぐ新たな防空システム**の研究を続けていた。

そうした中で開発されたのが、各種電子機器と艦載兵器を組み合わせ、１００以上の目標を補足可能としたイージスシステムだった。

アメリカの同盟国である日本は、艦隊防空力の強化を目的にシステムの導入を決断し、１９９１年より日本発のイージスシステム搭載型護衛艦「こんごう」型を就役させる。

当時最新鋭の全周囲型レーダー「ＳＰＹ-１Ｄ」をはじめとする各種電子機器、前後部合計96セル（発射機の単位）の対空ミサイル垂直発射システム（ＶＬＳ）、僚艦との高度な連携を可能とするデータリンクシステムを搭載したこんごう型の配備で、護衛艦隊の防衛力は格段に高まった。２０１５年の時点では4隻が各護衛艦群に1隻ずつ配備され、防衛戦力の要として活用されている。配備がされた90年代から２０００年代初頭にかけて言えば、間違いなくこんごう型は海自最強の護衛艦だったのだ。

ただし、１番艦就役から20年以上が経った現

あたご型護衛艦「あたご」（写真引用：海上自衛隊ホームページ）

在、こんごう型は海自最強ではなくなりつつある。ほぼ全ての面でこの艦を上回る新型イージス艦が、すでに部隊へ配備されているからだ。現時点の海自最強候補、それが**「あたご」型護衛艦**である。

海自の次期主力イージス艦

あたご型の配備が始まったのは２００７年のこと。こんごう型の後継艦と思われることも多いが、実際には老朽化した「たちかぜ」型の代替として建造された艦である。

こんごう型との違いで注目すべきは、この艦が**日本独自に開発されたイージス艦**であることだろう。こんごう型はアメリカ海軍の「アーレイバーク」級駆逐艦を参考にしたと言われ、事実、両艦には共通点が少なからず見られる。

対してあたご型は、こんごう型の建造で得たノウハウと技術革新によって、日本オリジナルのイージス艦として誕生したのである。

搭載されるイージスシステムこそアメリカ製であることに変わりはないが、性能を向上させた「ベースライン7」に更新。ステルス性を考慮してマストは平面の後方傾斜式にされ、艦橋部からも可能な限り凹凸が排除されているなど、艦体の各部にも独自の改良が施されている。

また、哨戒ヘリ用の小型甲板しか持たないこんごう型とは違い、スペースを確保した格納庫が配置された。これによって**対潜水艦用のヘリを格納できるだけでなく、緊急時には、味方へリを収納することも可能**となったのだ。

しかし、**一番の変化は、より強力になった武装内容**だろう。従来のイタリア製砲塔は、連射性に優れる反面、射程が短いという欠点を抱えていたが、最新のアメリカ製62口径127ミリ砲に変更することで、長距離の標的を撃破できるようになったのだ。

ミサイルの発達で艦砲は主力兵装ではなくなってはいるが、航空機・ミサイル撃墜用としてはまだまだ有用だし、射程の延長は敵機の接近を防ぎやすくしたともいえる。これに赤外線撮像能力のおかげで目標対処力の上がった「近接防空システム（CIWS）」を組み合わせれば、中近距離の防空力はかなり高いものとなる。また、艦砲攻撃前には96セルにまで増やされたVLSから対空ミサイルが発射されるため、備えは万全である。

対艦戦闘を見ても、アメリカ製の「ハープー

こんごう型に配備される弾道ミサイル防衛用ミサイル「RIM161 スタンダード・ミサイル3」

ン」を上回る国産対艦ミサイル「90式艦対艦誘導弾（SSM1B）」で近隣諸国の水上艦を射程外から撃破可能。**空海の両面で隙がない**のだ。

ただしこのあたご型、こんごう型に敵わない点が一つある。弾道ミサイルへの対処力だ。

近年問題となっている北朝鮮の弾道ミサイルや中国の躍進に対処するため、こんごう型4隻全てには迎撃用の特殊改造が施されている。だが、あたご型にはこうした改造はされておらず、発射後の追尾と探知しかできない。

防衛省はこうした欠点を良しとはせず、システムのアップデートと迎撃機能の追加を計画しており、最終的にはこんごう型と同じ4隻体制になる見通しだ。これらの計画が順調に終われば、あたご型は名実ともに海自の次期主力イージス艦になれることだろう。

そうりゅう型潜水艦（日本）通常型潜水艦の最高峰

通常型の弱点を克服

いくら静粛性に優れていても、通常型潜水艦には越えられない壁がある。潜行時間の短さだ。

原子力潜水艦（原潜）は原子炉の電力で海水から酸素を生成できるので、外から空気を取り込む必要がない。だが通常型は、酸素を自給できないので、定期的に浮上しなければならない。そのため、通常型の潜行時間は3日程度が限度なのである。

だが、もし通常型がこの弱点を克服できたとしたら——。

その悲願を達成した潜水艦が、なんと日本に存在する。海上自衛隊の**最新型潜水艦「そうりゅう」型**である。

当初は主力潜水艦「はるしお改」型として開発が始まったので、船体は同じ葉巻型である。しかし、他の構造は大きく異なる。

従来の海自潜水艦が艦尾に十字型の舵を取り付けているのに対して、そうりゅう型はX字型の舵を採用している。こうすることで、**水中での機動性を高めるだけでなく、損傷に強くできる**ため、舵が制御不能になる可能性を、大幅に低下させることができるのだ。

このような高い機動力と安定性に加え、セイ

そうりゅう型潜水艦「そうりゅう」（写真引用海上自衛隊ホームページ）

ルと船体の接合部には水流による騒音を低減させる「フィレット」という覆いを装備。艦の全体にも音波吸収素材と反射材を取り付けることで、航行時に発生する音波を最小限にして高いステルス性を実現した。**その戦闘力は、世界の数ある通常型潜水艦の中でもトップクラス**だ。

そして、戦闘力以上に重要な点がある。それはこれまでの常識を凌駕する、潜水時間の長さだ。**その潜水可能期間は、なんと2週間**にも達する。3日ほどしか潜れなかったこれまでの潜水艦と比較すると、格段に進歩しているのだ。

驚異的な潜水時間を実現できたのは「AIP（非大気依存推進）機関」の働きによるものだ。

AIPとは、簡単に言えば酸素に頼りすぎないエンジン技術である。これまでの通常型潜水艦はディーゼルエンジンを動力源としており、燃料を燃やすために空気を使うことから、潜水時間を短くするという短所があった。しかし、AIPで酸素だけでなくケロシンという灯油の一種を同時に燃焼させることで、空気の節約を可能とした。これにより、空気の入れ替え頻度が最小限度となり、潜水時間も向上したのだ。

なお、海自が採用したAIPは日本独自の技術ではなく、スウェーデン製のスターリング・エンジンをライセンス生産したものである。

そして、新型リチウムイオン電池搭載型の研究も進められており、成功すれば潜水時間はさらに1週間は伸びるという。これが世界トップクラスの通常型潜水艦だと言われる所以である。

外国産そうりゅうの誕生？

こうした高い性能は世界でも話題となり、一部の国では**採用話すら浮上**している。それが、**オーストラリア**である。

近年、オーストラリアでは主力潜水艦の性能不足と中国の海洋進出への危機感から、次期主力潜水艦の選定が行われていた。そうりゅう型は、その候補として上げられていたのだ。

選ばれた理由は、**強力で信頼性の高い通常型を欲する軍の要求に合っていた**から。日本はオーストラリアの要請に応じ、両国の協議は2014年から始められた。

ところが、オーストラリアでは、日本に仕事を奪われることを危惧して造船業界が反対。国内建設案も出たが、日本は最新技術の流出を恐れて相手国での建造に難色を示し、協議は難航した。アメリカを仲介役に日米豪共同開発とい

2016年2月15日の日豪外相会談。オーストラリアのメディアは、日本側から「そうりゅう」の売り込みがあったと報じた（写真引用：外務省ホームページ）

う妥協案も検討されたが、国内雇用の維持を優先したオーストラリア政府の決定で、国内建造を認めるフランス・ドイツが優勢となる。「そうりゅう」採用は、一時絶望的となっていた。

しかしこうした状況は、２０１５年9月25日に一変する。草賀純男駐豪大使が地元紙に国内建造を検討する方針を明らかにしたことで、無事候補に返り咲いたのである。

ただし、これで全てが解決したわけではない。もし採用されたとしても、「技術流出をどうやって防ぐのか」「武器輸出の経験のない日本が大型艦の輸出事業を成功させられるのか」などの問題があるし、オーストラリア経由で中韓に技術を奪われる危険性を訴える者も少なくない。そうりゅう型の輸出が吉と出るか凶と出るか。今後の動向に注目したい。

ニミッツ級空母（アメリカ）
海軍の主力を担う世界最強空母

米軍が威信をかけた空母

なぜ、アメリカ海軍は世界最強と言われるのか？　世界最大級の兵力と最新兵器を多数配備していることが大きいが、**最強の原子力空母「ニミッツ」級**の活躍も忘れてはならない。

1950年代に飛躍的な向上を見せた原子力技術により、アメリカは原子炉搭載型空母の開発を進めた。長距離航行には燃料の補給が必須となるが、**原子炉を動力とすれば、数ヶ月以上の連続航行も可能**となる。世界の海で活動するアメリカ海軍にとって、無補給で展開できる原子力空母ほどありがたいものはないだろう。

冷戦下の危機感から開発は優先的に進められ、1961年には史上初の原子力空母「エンタープライズ」級が就役。その後、コストを抑え70年代に完成したのがニミッツ級だった。

特徴的なのが、アングルドデッキ（発艦用の斜め式飛行甲板）を採用した形状で、航空機の離発艦はより効率的となる。しかも、動力とされた6基の原子炉は20年以上も燃料棒の交換を必要とせず、事実上の無制限航行を可能とした。

原子力空母そのものはフランスでも開発が成功し、中国も将来的な配備を狙っているようだが、**コスト・技術面の問題をクリアして量産化**

ニミッツ級空母「ジョージ・W・ブッシュ」

できたのはアメリカのみ。その有用性からなんと2008年まで計10隻の同型艦が建造された。

そして、1985年のイランアメリカ大使館占拠救出事件から、2003年のイラク戦争に至るまで、様々な軍事行動に参加。まさにアメリカの威信と海軍力の象徴といえよう。

このように、長年重宝されてきたニミッツ級ではあるが、完成から40年以上が経過していることもあって、老朽化が問題になりつつある。

そうした問題に対処するため、アメリカ軍は、新型空母「ジェラルド・R・フォード」級の配備を進めている。各種ステルス機能や新型電磁カタパルトを備え、その能力はニミッツ級をあらゆる面で凌駕していると言われている。配備予定は2016年前後。2030年までに、計3隻が艦隊に加わる予定である。

ズムウォルト級駆逐艦（アメリカ）搭載予定のレールガンの性能は？

未来兵器「レールガン」

ビーム砲、宇宙戦艦、大型ロボット兵器。こうした未来兵器の一つが、もうじき実現すると言われている。その鍵を握っているのが、アメリカ軍の新型駆逐艦**「ズムウォルト」**級だ。

20世紀も終わりに近い1990年代末期。アメリカ軍は後の技術革新に備えて、新型艦ズムウォルト級の開発計画を決定した。

陸上攻撃用に開発されたこの艦最大の特徴は、革新的な艦体の形状にある。ステルス性と荒天時の機動性を高めるために、タンブルホームという形状を採用。レーダー波を反射しやすくなるよう、艦体上部を内側に傾斜させる方式で、艦首も海上航行性に優れた鋭い形とされた。

ユニークな艦体には、陸上の標的を確実に破壊できるように重武装が組み込まれた。両舷には計80セルのVLS、対地・対空用ミサイル類が大量に積み込まれ、新型の格納式155ミリ砲2門と長距離用対地砲弾を搭載することで大火力を実現。その上、この艦には**「レールガン」**の実用化まで噂されていたのである。

火薬の作用で砲弾を撃つ通常の火砲とは違い、レールガンは電磁エネルギーの作用を利用することでこれまでにない破壊力と長射程を実

ズムウォルト級駆逐艦（上）と試作段階のレールガン（下）。計画では、電磁力によって放たれる砲弾はマッハ5を超えるよう設計されている。

現する、夢の砲塔である。実現困難な架空兵器とされていたが、2015年2月の科学技術エクスポにて、アメリカは200キロ先を攻撃可能な試作型を発表したのである。

ではなぜレールガンがズムウォルト級に関係するかというと、この艦には**射撃時に必要な莫大な電力を供給できるシステム「IPS」がある**からだ。搭載が実現すれば、戦艦並みの火力を有する、夢の艦艇となったことだろう。

しかし、斬新な技術を詰め込みすぎて費用が暴騰してしまい、当初32隻を予定していた建造は3隻に減少。頼みのレールガンの実戦配備は2020年以降となる見通しなので、搭載が囁かれる3隻目の建造に間に合うかはわからない。全てを撃ち抜くと豪語していたレールガンでも、現実の壁は撃ち抜けなかったようだ。

空母遼寧（中国）本当に恐ろしいのは空母そのものではない？

実戦用ではない中古空母

2012年は、アジア諸国にとって忘れられない年となった。軍事大国化を目指す中国が**初の空母「遼寧（りょうねい）」**を就役させたのである。

当然、周辺諸国は警戒感を抱いた。そこで、世界中が様々な視点から研究し、その年のうちに結論を下したのだが、それが当初の不安を払拭させた。**遼寧そのものは大した脅威ではない**、と結論付けられたのだ。

そもそも遼寧は、ウクライナが建造途中で放置していた旧式空母「アドミラル・クズネツォフ」級の「ヴァリヤーグ」を中国が購入したもの。電子機器や各兵装を更新してはいるが、運用ノウハウがない中国に空母部隊を編成する力はないため、遼寧は戦力外の見掛け倒しだと見られているのである。

ただし、だからといって脅威はないと油断するのは間違いだ。問題は、**中国が本気で空母実用化を目指している**ことだ。

空母の保有は中国の悲願であり、遼寧購入以前から遊園地の展示品という名目で、オーストラリアと旧ソ連から廃棄空母を購入研究していた。遼寧も実戦用ではなく、練習艦として乗員の訓練や運用研究に使われている。

中国初の空母「遼寧」。実際はウクライナから購入した中古の空母で、運用ノウハウのない中国海軍が実戦用として使うことはないと考えられている。

中国がここまで空母を欲する理由は、**空母部隊設立による威信向上と、列島線突破を想定した外洋戦力の確保**にあるという。現在は遼寧を用いて基礎を固めている最中だということだ。

しかし近年、中国の空母開発が次の段階へ移行したという情報が流れた。イギリスの軍事情報企業「ＩＨＳジェーンズ」が、中国北東部の都市・大連で建造中の、空母と思しき2隻の小型艦艇の衛星写真を公開したのである。

中国はこの時点では認めなかったが、2015年末に空母建造を発表した。

危険度の低い小型空母と見られてはいるが、国産空母を中国が手にすることに変わりはない。そのため、空母遼寧の裏で進む保有計画については、長期的視点で警戒していかなければならないのだ。

晋級原子力潜水艦（中国）
多くの謎に包まれた核搭載型原潜

核搭載型原子力潜水艦

水上艦艇の強化が不十分な中国海軍にとって、潜水艦は他国と渡り合える貴重な主戦力である。

原子力潜水艦の拡充にも力を入れ、1980年代後半には「夏」級という新型原潜を実用化していた。だが、放射能漏れ事故を起こしたことで近年までドック入りを余儀なくされ、それ以来、中国原潜の評価は低いままだった。

しかし今後、そうした評価が覆る可能性もある。根拠となるのが、**「晋」級原潜**の存在だ。

ただし、「晋」級の性能について詳しいことはあまり判明していない。2007年に1番艦が就役したとされてはいるものの、詳細は公表されていないからだ。そもそも「晋」級という名も、北大西洋条約機構（NATO）が付けたコードネームで、中国では「094」という番号しか振られていないのである。

「原潜は静粛性で通常型に劣るため、海上自衛隊の哨戒部隊にすぐ見つかる」という意見もある。だがそれは、日本近辺の狭い海域に限った話でしかない。広い太平洋に進出されると、通常型を凌駕する潜水時間と航続距離が発揮されることになる。その結果、行動範囲が大幅に増大し、探知と追跡が困難になってしまうのだ。

謎に包まれた中国の原子力潜水艦「晋」級。すでに３隻が就役したと言われており、その後も製造は続けられていると考えられている（写真引用：China Defense Mashup「What China’s SSBN Nuclear Missile Submarines Mean for the U.S.」）

では、「晋」級の外洋進出が達成されると、どのような危険性が浮上するのか？

目撃例やインターネットへの流出写真を元に研究された結果、「晋」級は、約133メートルの艦体に12基のミサイル発射装置を備えた**弾道ミサイル攻撃用の戦略型**であることが判明した。加えて、ここから発射される弾道ミサイルは、核搭載型の「JL2」だと予測されているのだ。

核攻撃は政治的・経済的リスクが高すぎるので、国家が意図的に行う可能性は限りなくゼロに近いが、対象国にプレッシャーを与え、必要以上の警戒を強いることはできる。

現在、「晋」級は3隻が就役したといわれ、発射管を増量した4隻目以降も完成済みとの説もある。こうした原潜を狭い海域に閉じ込めておけるかどうかも、日本の重要な課題なのである。

世宗大王級駆逐艦（韓国）韓国が初めて手にした一線級のイージス艦

危険をはらむ過剰装備

2000年代半ばまで、日本はアジア唯一のイージス艦保有国として周辺国を大きくリードしていた。しかし現在、イージス艦による海上自衛隊の優位は崩れつつある。韓国がイージス艦の量産に成功したのだ。

韓国が2008年に就役させた**「世宗大王」級駆逐艦**は、世界のイージス艦と比較しても引けを取らない性能を持つ。アメリカの「アーレイバーク」級を参考にしつつも、イージスシステムには当時最新のベースライン7を採用。全長約166メートルと「アーレイバーク」より10メートル以上巨大化させることで、多くの武装が詰め込み可能となった。その結果として生み出されたのが、卓越した攻撃力である。

巨大な艦体に設置されたVLSは128セル。「あたご」型と比べて30セル以上も多く、ミサイルの搭載量も世界のイージス艦と比べて2倍以上もある。**対艦攻撃力は間違いなく世界一線級**と言えるだろう。あたご型の翌年に就役したことから、海自を仮想敵にして造られたという意見も一部で見られた。

ただ、本来のイージス艦は味方艦隊を守護する防空用の艦艇、つまりは守りを専門とする艦

イージスシステムを備えた「世宗大王」級駆逐艦。装備強化のための重装備が仇となり、艦体バランスが悪いという欠点がある。

である。仮に世界最強の攻撃力を誇っていたとしても、防空に専念すれば、その能力を発揮できずに宝の持ち腐れになる可能性が高いのだ。

また、高すぎる攻撃力が仇となり、独自の弱点すら作り出してしまった。武装の積み込み過ぎやトップヘビーな艦体設計で重量バランスが他国の艦より悪くなってしまい、**荒波に弱い艦艇**となってしまったのだ。さらに、戦闘時に攻撃を受ければ、搭載しすぎた大量のミサイルにより、誘爆する危険性も指摘されている。

まさに、攻撃のために防御を捨て去ったとも言える世宗大王級。現在、韓国は世宗大王級を3隻配備している。これらは攻防に優れた恐るべき新鋭艦なのか、それとも攻撃も防御も中途半端な器用貧乏なのか。それは、実戦に投入されるまでわからない。

アドミラル・クズネツォフ級空母（ロシア）冷戦期の空母の現状とは？

国家崩壊の影響を受ける

1989年、ソ連のゴルバチョフ書記長とアメリカのブッシュ大統領が地中海のマルタで会談を行い、事実上、40年以上続いた東西冷戦が終結。2年後には、ソ連そのものが崩壊する。

そして、ソ連崩壊は世界の軍事バランスを変えただけでなく、**ソ連海軍の次期主力空母「アドミラル・クズネツォフ」級**の運命すら捻じ曲げることになったのだ。

冷戦中、ソ連はアメリカ空母部隊に対抗すべく航空巡洋艦（空母の別名）の開発を進めていた。1975年には垂直・短距離離着艦機用の空母が就任したが、通常機用空母は未配備のまま。そこで開発が始まったのがアドミラル・クズネツォフ級だった。

この空母は味方艦隊の防空と対潜活動を主軸としており、22機の戦闘機、17機の哨戒ヘリが搭載可能。巡洋艦という建前から、各種対空ミサイルの他に対艦ミサイルまで装備している。また、甲板前方を上方に反らすスキージャンプ式にすることで、艦載機の発進も可能となる。

1982年に建造が始まった1番艦「アドミラル・クズネツォフ」は、1990年に無事竣工。1985年には2番艦「ヴァリヤーグ」、

ロシアの空母「アドミラル・クズネツォフ」。ソ連崩壊に伴い運用が困難になり、しばらく放置されていたが、2000年代の経済復興によりロシア海軍に復帰した。（©Ministry of Defence and licensed for reuse under this Creative Commons Licence）

1988年にはソ連初の原子力空母「ウリヤノフスク」の建造も始まる。完成すれば西側諸国並みの海軍兵力を手にするはずだった。

しかし、時期が遅すぎた。ヴァリヤーグは、ソ連崩壊に伴い独立したウクライナによって接収、ウリヤノフスクは建造中止となってしまう。アドミラル・クズネツォフはロシア海軍に引き継がれたものの、**資金面の悪化でまともな整備すらされない状態が続いていた**。

一時は早期退役すら噂されていたアドミラル・クズネツォフだが、2000年代前半からの経済復活が救いとなった。資金に余裕ができ、2004年から海軍へ復帰したのである。

海軍はこの空母を2020年代まで使用する予定。原子力空母建造を再開するとの情報もあり、戦力は今後も拡大されるとみられている。

P3C哨戒機（日本・アメリカ）世界中で現在も使用される名哨戒機

50年以上現役の名機

潜水艦との戦いでは、索敵の成否が攻撃の成功を左右する。ここで重要な働きをするのが、空から敵を捜索する哨戒機で、日米は長年**「P3C」哨戒機**を対潜活動の中核としてきた。

冷戦初期にロッキード社に開発されたP3Cは、10時間以上の無着陸長時間飛行と高度な探知力を実現した哨戒機である。最大の長所は、**高度に発達した電子機能**だろう。最新鋭のソノブイ（投下式の音響探知機）、レーダー、赤外線探知システムを搭載し、さらには収集した情報をデジタル機器で統合して目標の位置を正確に把握し、状況に応じた攻撃が可能となっている。

こうした性能が評価され、初飛行から半世紀以上が経過した現在でもなお、改良を重ねながらアメリカの友好国・地域で使われているのだ。

日本では、対潜能力の向上を目的として1981年から配備を開始。当初はアメリカから完成品を輸入していたが、配備効率などの問題から、後にライセンス生産に切り替えられ、最終的には100機以上が海上自衛隊航空隊の主力として活躍することになる。

対潜探知力と情報共有性を強化された海自用P3Cは、中国潜水艦の追跡やソマリア沖への

世界中で使用される名哨戒機「P3C」（写真引用：海上自衛隊ホームページ）

派遣で活躍してきたが、配備開始から30年以上が過ぎて老朽化が目立ち始め、年々数を減らしている。その代わりとして期待されているのが、アメリカ海軍の「P８」と海自の**「P1」**だ。

Ｐ１は日本の純国産機で、当初は高く評価され、対英輸出も検討されていた。だが、現在はその性能に疑問の声もあがっている。

というのも、エンジンの耐久性やソノブイの性能が不十分だという意見がある他、部品の多くを国産化したことで費用が割高となり、大量生産に向かないという欠点を抱えているのだ。こうしたデメリットからか、イギリス軍もＰ１の購入を止め、Ｐ８を選んでいる。

果たして日本の哨戒部隊は、今後も高水準を保てるのか。Ｐ１にはまだまだ、課題が多く残されているようだ。

F35戦闘機（アメリカ他）史上初となるステルス艦上戦闘機

最新鋭のステルス戦闘機

世界中でアメリカ軍だけが実用化に成功した兵器。それが素材や機体形状の工夫でレーダーに映りにくくなった、**ステルス戦闘機**である。

その有用性から各国が開発を進めていたが、技術的問題と膨大な開発費用の問題で、アメリカ空軍のF22戦闘機が世界唯一のステルス戦闘機となっていた。しかし今後は複数国が、ステルス戦闘機を保有することになるかもしれない。その鍵を握っているのが、**「F35」戦闘機**だ。

90年代末のアメリカ軍は、戦闘機の機種統一に関する計画を進めていた。それまでの戦闘機は、任務ごとに性能の合った機種を用意しなければならず、効率が悪かったためである。

後に「ＪＳＦ（統合打撃戦闘機）計画」と呼ばれるプロジェクトの中で誕生したのが、Ｆ35だった。開発には、イギリスやトルコなど計10ヵ国が参加し、その全てがＦ35を配備する予定だった。Ｆ22はアメリカ一国での開発だったことで費用が暴騰してしまい、なんと1機約１８０億円。そのため２００機ほどで生産が打ち切られてしまったが、Ｆ35は輸出を前提とした３０００機以上を大量生産することで、必要な経費を半分以下にまで抑えられるはずだった。

アメリカが開発中のステルス戦闘機「F35A」。このA型は日本も輸入をきめているが、計画よりも完成は遅れており、搬入時期は未定の段階。

陸海空のあらゆる任務を想定していることから、Ｆ35には三つのタイプが用意されている。地上航空基地での運用を前提とし、日本も購入を決定しているA型、垂直離着陸が可能となったB型、そして空母搭載型のC型だ。このうちB型とC型が、各国の海軍や海兵隊向けに配備されることが決まっている。

だが、万能機を造るという欲張った開発要求からか、**機体の完成は遅れに遅れている**。２０１２年を予定していた引渡しは２０１５年に延び、そこからさらに2年の延期が決まった。このような開発の遅れによって、機体の導入中止を検討している国も多いという。

２０１７年よりアメリカ海兵隊への配備が始まると言われているが、今度こそ予定通りに進むのか。世界各国も機体の今後に注目している。

Su33（中国・ロシア）中ロ空母部隊の中核となる艦上戦闘機

頓挫した量産計画

戦闘機を収納できる空母であっても、艦載機がなければ戦闘力に乏しい巨大な船でしかない。空母の実用化を目指す中国軍も、艦載機の重要性は理解しているが、現時点では独力で開発する力はない。そこで導入を決定したのが、ロシア製の**「Su33」**（スホイ33）だった。

Su33は、ソ連の傑作戦闘機として知られる「Su27フランカー」の艦載型である。機動性と航続距離に優れたSu27の性能をそのままに、着艦用装備と主翼の折りたたみ機能などを備えることで空母での運用を可能とした。

だが、ここでも空母同様、ソ連崩壊に伴う完成の遅さが致命的となった。Su33が実用化されたのは、1998年。ロシア海軍空母部隊の主力機にこそなりはしたが、肝心の空母が「アドミラル・クズネツォフ」1隻しかない。そのため大量生産は見送られ、**生産機は30機にも満たない数で終わってしまう**。2016年現在のロシアは空母部隊の拡大を計画しているが、艦載機は新型機になると予想されているので、Su33が増産される可能性は限りなく低いだろう。

ただ、冒頭で触れたとおり、中国は空母部隊の艦載機を入手するためSu33の配備を決定し、

ロシアの戦闘機「Su33」。欧米の戦闘機に対抗すべく生まれたが、アドミラル・クズネツォフ同様、ソ連崩壊に伴い十分な数を生産することができなかった。

２０００年代初頭よりロシアと交渉を開始していた。しかし、ロシアが中国軍の技術盗用を疑い不信感を抱いていたことから、協議は難航。購入数や値段についても両国の間での意見が食い違い、遂には事実上の交渉打ち切りとなった。

普通の国家であれば、疑惑を解消してから再交渉をするか、他国の機体で妥協するだろう。しかし中国の対応は、まさに常識外れだった。なんと、交渉の裏でＳｕ33の試作機をウクライナを通じて入手し、データを元に**「Ｊ15」**というコピー機を開発したのである。

もちろんロシアは難色を示したが、当の中国は気に留めない。空母部隊完成の暁(あかつき)には、中国海軍はＪ15を主力艦載機として配備すると見られている。失敗してもただでは終わらない中国の執念がわかる、興味深いエピソードだ。

MV22オスプレイ(日本・アメリカ)根強い不安の声にどう対応するのか

ヘリと航空機の長所を採用

ヘリコプターは離着陸が自由である一方、速度を出せず、航空機は高速で移動できても飛行場がなければ離着陸ができない。だが、両者の長所を備えた夢の機体がすでに実用化されている。日本でも名の知れたアメリカ製の輸送機「MV22」、通称**オスプレイ**である。

オスプレイとは、アメリカのベル・ヘリコプター社とボーイング・バートル社が共同開発した「垂直離着陸式輸送機」だ。最大の特徴は、「ティルトローター」と呼ばれる独自の機体構造にある。ローターが固定式で速く動けないヘリに対し、オスプレイは主翼両端の可動式エンジンを垂直に傾けることで、航空機並みの高速移動が可能となった。

最高速度は時速500キロを超え、航続距離も貨物なしでは約1758キロにまで達する。これは一般的なヘリの約1.5倍に相当する。

まさに**ヘリと航空機の良いとこ取りをした全く新しい機体**であり、日本でも2017年前後を目安に配備を開始する計画を立てている。

だが、日本人の一部からはいまだに不安の声が上がっている。理由は、この機体に**「事故多発機」**のレッテルが貼られているからだ。

日本でも配備を計画している航空機オスプレイ。ヘリと航空機の長所を兼ね備えた機体だが、安全性を不安視する声はいまだ根強い。

前例のない新型機であるがゆえに、オスプレイは試作段階から事故が相次いでいた。殉職者が出る事故も珍しくはなく、２０１２年までにオスプレイが原因で殉職した者の数は36人にも上った。そのために「未亡人製造機」という不名誉な称号がついたほどだ。沖縄を中心に配備反対運動が根強く行われているのも、こうした事故による悪評が根強いからだという。

しかし、運用ノウハウのない初期での事故は珍しいものではない。そうした事故を教訓に改良と搭乗員の教育を行ったことで、現在では軍用機で最も安全な機体になったとの声もある。

だが、果たしてこのような状況下で、自衛隊へのオスプレイ配備は順調に進められるのか。機体に染み付いた負のイメージを、どのように拭い去るかにかかっているともいえよう。

ゲリラ攻撃に特化した北朝鮮の潜水艦と特殊部隊

近代化に程遠い北朝鮮海軍

中国軍の活発化に伴い周辺の国々が軍の近代化を進める一方で、流れに取り残された国がある。北朝鮮である。

核開発疑惑を発端とする10年以上の経済制裁で**北朝鮮の財政は不安定化し、軍の強化がしにくい**状況にある。近代化がどれだけ遅れているかは、海軍の艦艇を見るだけでもわかるだろう。

1970年代に北朝鮮が国内建造した「羅津（ラジン）」級フリゲート艦（駆逐艦より軽装備の小型艦艇）が未だに現役で、「ソホ」級と「南浦」級という2000年代に誕生した最新型は、お世辞にも高性能ではない出来。その上、経済制裁による資源不足で、各級全てを合わせても5隻ほどしか造られていないとも考えられている。

では、北朝鮮の主力艦は何かといえば、潜水艦と小型のコルベット艦や高速艇である。ただ、これらの小型艦もソ連製の老朽艦が多数を占め、燃料不足で長期の行動すらままならないという。

ところが、北朝鮮海軍が弱小と評価されることは意外に少ない。理由は、軍が正面戦の勝利を諦め、**ゲリラ戦に特化している**からだ。

北朝鮮軍には、一つだけ日本の脅威となり得る組織がある。数百万人規模といわれる特殊部

北朝鮮が使用するロメオ級潜水艦。ステルス性が低い旧式の兵器だが、特殊部隊を運ぶなど、ゲリラ戦に特化することで他国を翻弄する戦略を採っている。

隊だ。この特殊部隊を潜水艦などで敵地へ潜入させると同時にシーレーンへゲリラ攻撃を仕掛けることで、他国を疲弊させることができる。

日本が北朝鮮と単独で戦争となる可能性は低いが、朝鮮戦争が再発すれば、韓国の同盟国であるアメリカの基地があることから、攻撃の的となるかもしれない。そうなれば、特殊部隊によるテロ行為で、国内は大混乱に陥るだろう。

そして2015年5月には、潜水艦による弾道ミサイルの水中発射実験に成功したという恐るべきニュースが流れた。11月の再実験に失敗したことから、完成には至っていないようだが、もし**技術が確立されると水中からの核攻撃すら可能**となり、脅威度が高まるのは確実だ。核の力による恫喝とゲリラ戦特化の構造。それこそが北朝鮮の軍が恐れられる最大の要因である。

53
61

4章 知られざる海上自衛隊の任務の数々

海上自衛隊の基本任務 領海内のパトロールの内容は？

脅かされる日本の海域

日本は国土面積の12倍もの海に囲まれており、排他的経済水域は世界で6番目という広大さだ。そして現在、その日本の広大な海域は、決して平穏とは言えない状況にある。

特に2012年9月11日に日本政府が尖閣諸島を国有化して以降、中国船が日本の領海内に毎月5回程度の頻度で侵入を繰り返すようになった。その回数は徐々に増し、2014年では、実に延べ269隻の中国海警局や漁業局の公船が日本の領海に侵入していたのだ。

また、近年は集団密航や不法採漁、麻薬の密輸など国籍不明の不審船も頻出し、日本の海の安全を脅かしている。

そんな日本海域への不法侵入に対し、海上自衛隊も警戒を怠ることはなく、海上パトロールに力を入れている。

海自は基本任務として領海内の監視活動（パトロール任務）を行っており、常に四方の海に目を光らせている。**そのパトロール任務の最前線を担っているのが、哨戒機「P3C」で編成される航空隊**だ。

空からの領海監視を任務とするこの部隊は、自衛艦隊指揮下にある航空集団に所属してい

哨戒中の P3C 哨戒機（写真引用：海上自衛隊ホームページ）

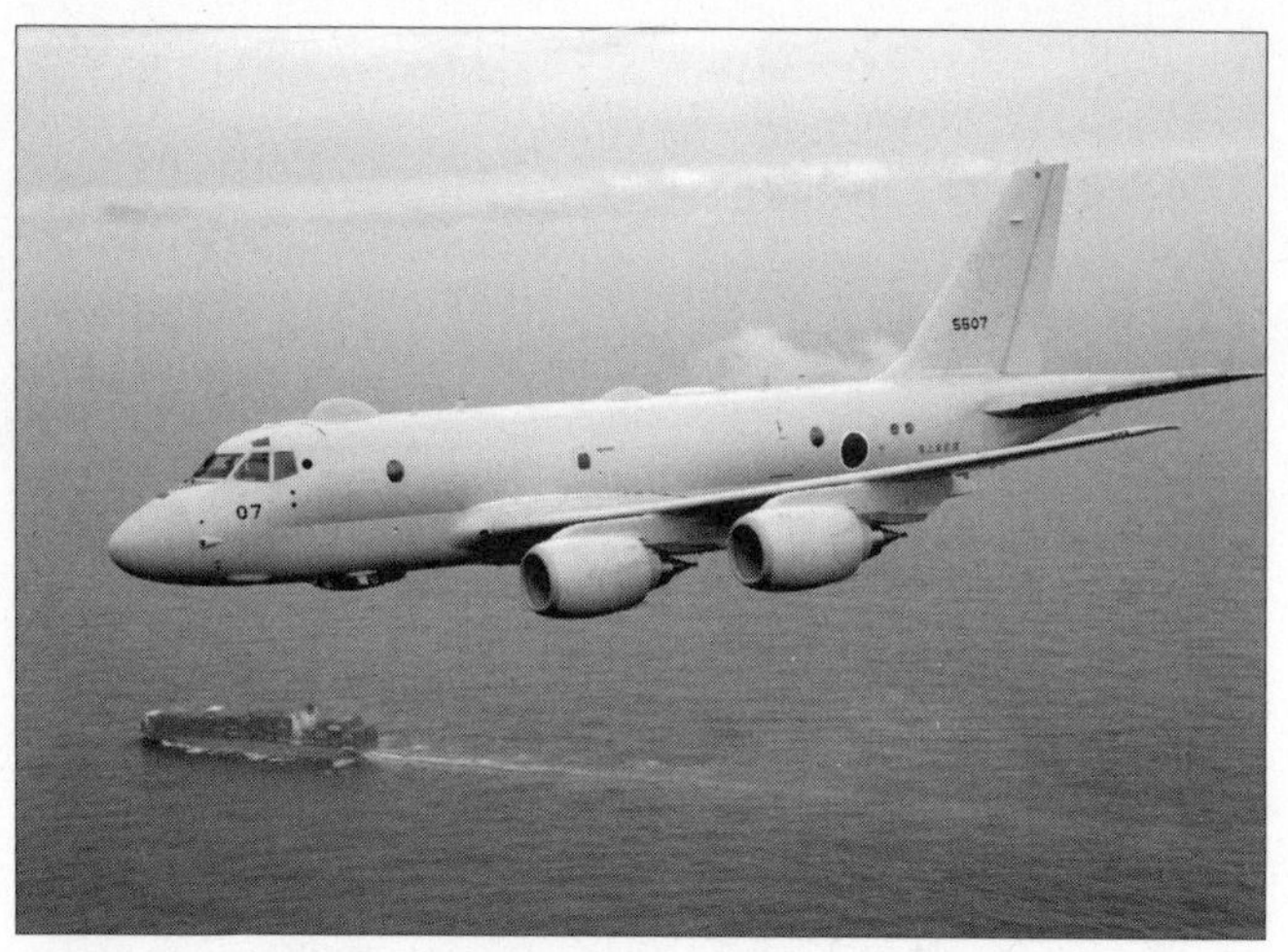

国産最新鋭の哨戒機 P1（写真引用：海上自衛隊ホームページ）

る。厚木にある司令部をはじめ、北は青森県の八戸、南は沖縄県の那覇など全国7カ所に基地が設けられている。

そして1日1回を基準として、日本海や東シナ海など基地ごとに割り当てられた海域でパトロールを行い、**海上を航行する船舶などの監視と情報収集を行っている**のだ。

だが、日本の領海は広大ではるか遠くにまで及ぶため、その飛行任務は1日8〜9時間、長い時には12時間に及ぶこともしばしばだという。この間、機長と副機長が操縦を交代したり自動操縦に切り替えたりするので、一人のパイロットが連続して操縦をしているわけではないが、隊員が1日のほとんどを機上で過ごすことになるのは間違いない。

なお、このパトロール任務で航空機に搭乗するのはパイロットだけではない。機内の電子機器の稼働状況を把握する「機上電子整備員」、基地や艦艇との通信を担当する「航法・通信員」、また潜水艦の探知に務める「機上対潜員」、そして全体の指揮を執る戦術航空士など計11名に及ぶ。

いずれも、最新鋭の航空機に搭乗すべく航空教育集団などで訓練に訓練を重ねた、選りすぐりのメンバーだ。

監視活動に欠かせないもの

とはいえ、不審船も一筋縄でいく相手ではない。というのも、不審船には何らかの偽装が施されていることが多く、**一目で軍用と判明する船ばかりではない**からだ。

航空訓練前の訓示の様子（写真引用：海上自衛隊ホームページ）

そのため隊員も「漁船にしてはアンテナが多いのでは？」とか「釣り船なのに漁具が備えられていない」など、**細心の注意を払って船舶の監視に当たらなければならない**わけだ。

たとえば、1999年3月に漁船を装った北朝鮮の船舶が能登半島沖に侵入する事件があったが、海自隊員が不審船と判断したのも、上空からこのような不自然な点がないか、細心の注意を払っていたからだ。

また、海中の敵潜水艦に対しては、機内のレーダー装置や、海上に敷設されたソノブイと呼ばれる音響探索機器を用い、潜水艦が発する音を解析することなどで探索を行っている。

ちなみに、その任務に当たるのは先にあげた「機上対潜員」だが、収集したレーダーや音響データから潜水艦を識別する技術は、部隊内で職人芸のように徒弟制度で伝えられているという。機械に頼りすぎてもしものことがないよう徹底しているというわけだ。そのためか、捜索用のハイテク機器が搭載されている航空隊であっても「最後は人の目がものを言う」と海自関係者は口を揃えているほどだ。

そして、ひとたび不審船などを発見すれば、第一義的に処理に当たる海上保安庁に速やかに通報し、航空隊は護衛艦とともに継続的な監視体制に移行することになる。こうした事態に対応するために、海自の各基地では、24時間の即応態勢が維持されているのだ。

パトロール任務の意味とは

また海自が監視の対象としているのは、船舶や潜水艦に限られているわけではない。大規模な災害発生時にはただちに現場に駆けつけ、上空から**火災や津波の有無を確認するのも任務の一つ**だ。実際、震度5以上の揺れを確認すればP3Cが即座に飛び立ち、偵察に向かう措置が取られている。

さらに災害や事故の対応に関しては、その発生を未然に防ぐパトロールも海自は行っている。それが青森県の八戸航空基地に拠点を置く第2航空群が任務としている、**オホーツク沖での流氷観測**だ。

海自と流氷、一見接点は無さそうに思えるが、気象庁の要請を受けて1960年から実施されている歴史のある任務だ。流氷の到達状況などのデータを海自の航空機が上空から収集し、冬季に北海道近海を航行する船舶の**海難防**

流氷上を飛行する八戸航空基地所属の哨戒機。流氷観測のデータを集め北海道近海での海難事故防止に役立てている（写真引用：海上自衛隊八戸航空基地ホームページ）

止に役立てるのだ。この任務も50年以上にわたって毎年行われ、２０１５年４月で１０９０回を数えている。

このように海上の防衛、防災のため平時からパトロールに明け暮れ、領海内の安全の確保に尽力する海自だが、近年では安全確保以上に**「存在感」の維持**の役割が大きくなっているという。

つまり、「日本の海は海自が常に厳重な警戒に当たっている」とアピールすることで他国に侵入を躊躇させる狙いもあるのだ。

日本は燃料や食料の多くを輸入に頼っており、その物資は9割以上が海上輸送によって運ばれている。その事実を鑑みれば、領海内のパトロールは国民生活の安定化にも直結している任務と言っていいだろう。

新時代の自衛隊任務
海外派遣における海自の活動

海外派遣任務の幕開け

本来、自衛隊は日本国の領内のみを防衛する組織であって、海外への派遣は想定外だった。というのも、1954年6月9日に自衛隊法が公布されたとき、付帯決議として自衛隊の海外派兵禁止が採択されたためだ。

だが、1991年4月に、想定外のことが起こった。湾岸戦争後の**ペルシャ湾の機雷除去**のため、日本政府が海上自衛隊の掃海部隊511名と掃海母艦「はやせ」などの艦艇6隻の派遣を決めたのだ。その背景には、1990年に始まった湾岸戦争での日本の対応が、国際的に非難されたという事情があった。

当時日本は中東から約9割の原油を輸入しており、湾岸戦争では当事者に近い立場にあったと言えた。それにもかかわらず、日本政府は憲法上の理由から多国籍軍への参加を見送った。

その人員派遣の代わりとして、政府は当時の金額で約1兆7000億円という巨額の支援金を送ったが、多国籍軍からは評価されず、逆に「血を金であがなった」と批判されることになったのだ。

実際、終戦後にクウェートは感謝決議を30か国に表したが、その中に日本は入っていなかっ

湾岸戦争の舞台となったクウェート。写真に写っているのはサウジアラビア軍で、30カ国以上が多国籍軍として戦闘に参加した。日本は人員派遣の代わりに巨額の資金を提供したが、国際社会からは評価されなかった。

たという。

そのような経緯もあって、日本政府は国際的信用を取り戻すべく自衛隊の初の海外派遣に踏み切ったのである。

派遣先での高い評価

派遣当時、すでに他国の海軍が機雷の除去作業を始めており、参加が遅れた海自に割り当てられたのは、危険で作業が難しい掃海区域ばかりだったと言われている。

しかも機雷の爆破処理は遠隔操作によるものではなく、水中処分員が海中に潜って機雷に爆薬を取り付けるという、一歩間違えば大事故につながる処理方法がほとんどだった。

だが、そんな過酷な任務でも、掃海部隊は、**1件の事故も起こすことなく計34個の機雷を無事に処分**し、他国の海軍からも高い評価を受けることになった。

この掃海部隊の活躍によって、自衛隊の海外派遣への道が開かれることになり、翌１９９２年には「国際平和協力法」、いわゆる「ＰＫＯ法案」が制定される運びになった。

そして、海自が世界の耳目を集める活躍を見せたのが、２００１年から始まったインド洋への派遣任務である。

当時、インド洋上ではテロを防止すべく各国艦隊が集結していたが、なにしろ場所は広範囲な海域。艦隊が常時の監視を行うには、効率的に洋上で補給を済ませる必要があった。

そこで大きな役割を果たしたのが、海自の**「ときわ」**などの補給艦と、その乗組員だった

2001年、インド洋に派遣されたとわだ型補給船「ときわ」

のだ。

隊員たちは各国の艦艇に給油ホースを繋ぎ、30メートルほど距離をとったまま平行に航行するという難易度の高い活動を行った。日中の気温は40度を超え、1回の補給に3時間以上かかることも珍しくはない、過酷な条件での作業であるにもかかわらず、である。また補給時は艦艇にとって最も攻撃に弱い場面でもあるから、緊張も相当なものだったという。

このような任務を2007年10月まで、海自隊員は794回も実行。**その高い操舵技術と精神力に、各国の海軍は一様に驚嘆した**と言われている。

当時のバラク・オバマ民主党議員（現・アメリカ大統領）も「日本の自衛隊が提供している支援につき、感謝の念を表したい。この感謝の念は米国民にも共有されているものと思う」との声明を発表。

そして、2007年9月5日米下院は、日本のインド洋での貢献に感謝する決議を全会一致で採択したのである。

広がりゆく海外での活動

だが、海自の国際部隊での活動は、治安維持の支援といったものばかりではない。大規模な自然災害に見舞われた地域での救援活動も、また任務の一つだ。

1998年中央アメリカ・ホンジュラスのハリケーン被害の緊急援助を皮切りに、その翌年はトルコ北西部地震、2004年にはインドネシア・スマトラ島沖大地震、パキスタン大地震など様々な国と地域に自衛隊は派遣され、被災者の支援にあたっている。

記憶に新しいのは2013年11月、台風30号で1100人以上の死者を出すなどの被害を受けたフィリピンへの部隊派遣だ。

このときは海外の被災地支援として、過去最大規模となる約1180人体制で救助活動を展開。この活動は現地の言葉で「友だち」を意味する「オペレーションSANGKAY（サンカイ）」と呼ばれ、その作戦名に相応しく、被災地に消毒液を撒いて病気の蔓延を防いだり、1万人以上に巡回ワクチンの接種を実施したりするなど、**被災民の生活に密着した支援を行った**のである。

こうして海外での実績を着実に積み重ねていった海自に、自衛隊史上に残る出来事が訪れ

第４護衛隊群指令の伊藤弘海将補。ソマリアの海賊対策のためアメリカ主導で結成された多国籍部隊「第151合同任務部隊（CTF151）」の司令官に、自衛隊史上初めて就任した（左写真引用：第４護衛隊群ホームページ）

る。２００９年から続いている海自の派遣先に、ソマリア沖・アデン湾がある。この海域は、年間約１６００隻の日本の関係船舶が通行する重要な海上交通路だが、機関銃などで武装した海賊が出没する事案が急増していた。

この対処のため、自衛隊やアメリカなど各国の海軍が参加していたが、２０１５年5月、**海自の幹部自衛官がこの多国籍部隊の司令官に就任した**のだ。

着任したのは海自第4護衛隊群司令に所属する伊藤弘海将補。日本の自衛官が多国籍部隊の司令官を務めるのは、自衛隊創設から約60年で初めてのことだ。

それもこれも、これまでの海外派遣での活躍が評価されてのことだろう。今後の海外派遣任務での活躍も期待したい。

第二の有事
大規模災害における救助救難任務

災害時の迅速な対応

２０１１年３月11日の東日本大震災をはじめ、２０１４年８月の広島県安佐北区における土砂崩れ、長野県御嶽山の噴火など、日本各地で近年大規模な自然災害が頻発している。

そうした**災害が発生した場合に救助活動を行う**のも、自衛隊の主要任務だ。そのことは自衛隊法第83条にも明記されている。

大災害が起こった場合、自衛隊は被災地域の知事から派遣要請を受けて出動するのが一般的だ。だがそれは知事の要請がなければ、救助には向かえないことをも意味する。そのために手痛い経験をしたのが、１９９５年１月に起こった阪神淡路大震災だった。この時は、兵庫県知事が震災発生から2時間経っても「死者4名」という、事実とは全くかけ離れた情報しか得ておらず（実際の死者はその時点で１００名以上）、災害派遣要請が遅れてしまった。そのため自衛隊は待機状態のまま、早期の救助活動が行えなかったのだ。

その反省から１９９５年7月に「防衛庁（現防衛省）防災業務計画」が修正され「人命に関わり、直ちに救援の必要がある」などの要件を満たせば、要請がなくても出動ができる「自主

救助活動にとりくむ海上自衛隊員

阪神淡路大震災時の海自の救済活動
(写真引用：海上自衛隊阪神基地ホームページ)

派遣」が可能になった。その結果、東日本大震災でも地震発生から4分後には防衛省に災害対策本部が設置され、そして海上自衛隊も1時間後には、横須賀をはじめ各基地から艦艇約40隻が被災地に出動したのだ。

大震災での海自の救助活動

災害地域での海自の最大の任務の一つは、**海と空からの被災者救助**だ。

東日本大震災では、平時は不審船などの偵察を任務とするP3C哨戒機が広域で被災者の捜索を行い、その情報を海上の艦艇部隊に伝えた。そして艦艇部隊は受け取った情報に基づき、例えば建物に閉じ込められるなど陸地の被災者救助には救難ヘリコプターを発進させ、また津波に流されるなど海上の被災者には小型ボートを差し向け救援に当たったのだ。

中でも、**イージス艦「ちょうかい」**が福島県沖約15キロメートルの洋上で漂流していた被災者を救助したことは、メディアでも大きく報じられたため、覚えているという方もいるだろう。

そのようにして海自は、約900名もの被災者を救助したのだ。

また、インフラが壊滅した被災地や陸路が絶たれ孤立した集落には、食料や燃料などの物資が届けられたが、その運搬も艦艇から出動した航空機などが大きな役割を果たすことになった。実際、海自が被災地に運んだ物資は乾電池約6万6000本、灯油約9万2000リットルなど膨大な量にのぼっている。

東日本大震災の際、洋上を漂う被災者を救済したイージス艦「ちょうかい」
(写真引用：海上自衛隊ホームページ)

さらに、海自の活動は救助や輸送にとどまらず、被災者の衣食住などの支援にまで及んでいる。輸送艦「おおすみ」や護衛艦「ひゅうが」などの航空機の格納デッキを利用すれば、数百人から1000人以上の被災者の収容が可能なため、**温かい食事の提供や、洗濯などの生活支援を行うことができる**のだ。

東日本大震災の際でもおおすみは艦内に風呂を設営し、多くの被災者の体を温めた。また、女性の入浴を支援するため、各地の部隊から派遣された海自の女性隊員が対応に当たるなどの配慮も忘れなかった。

高い自己完結力

こうした人命救助から物資の補給といった幅

広い支援を行うことができたのも、海自が高い**「自己完結力」**を持っているからだろう。

自己完結力とは、部隊が有事の際の作戦に必要な設備を、自前で準備できる能力のことだ。特に艦艇部隊では数か月にわたって航行する訓練も多く、その間外部からの力に頼ることはできない。

そのため海自には、輸送、通信、衛生、給食、発電など約50種ものあらゆる分野の職種と設備、そしてプロの隊員たちがいる。だからこそ災害時にも復旧作業や怪我人の治療など多岐にわたる活動を行うことができるのだ。

さらに医療活動で言えば、補給艦「ましゅう」型などのように、外科手術が行える艦艇も存在する。

もちろん、災害時には警察や消防などの組織も活動するが、食事、宿泊、補給などは別組織に依存しているので、この自己完結力は自衛隊のみが持ち得る能力と言っていいだろう。

また、災害時に忘れてはならない重要な任務に、**行方不明者の捜索**がある。海自は洋上や水中での捜索を受け持ち、掃海部隊が中心となって任務にあたる。

掃海部隊と聞くと、機雷除去を連想するかもしれないが、実は災害派遣での出動も多く、船舶の衝突事故や海に墜落した航空機事故での行方不明者捜索など、豊富な経験があるのだ。その実績と能力から、**東日本大震災の時も力を発揮した。**

掃海部隊による捜索の対象となるのは生存者だけとは限らない。運悪く命を落とした人々も、帰りを待つ家族や友人がいるため、捜索対

被災地の沿岸部で行方不明者を捜索する海自隊員（写真引用：海上自衛隊自衛艦隊ホームページ）

象になる。

東日本大震災時、掃海隊員は1人でも多くの震災犠牲者を発見するため、小型ボートで洋上へ出て捜索に当たった。浮流する瓦礫の合間や漁網に引っ掛かっている犠牲者を隊員が発見すると、掃海部隊所属の水中処分員が潜って収容する。だが、海が大きくうねり、ボート上で身体を支えるのがやっとという悪天候の日もあり、海中は沈殿物などで30センチ先も見えない状態だったと言われている。命がけの任務であることは間違いない。

いつ起こるかわからない大規模災害、それはまさに「第2の有事」と言っても過言ではない。そして、そうした緊急事態に日本が直面したときに備えて、海自隊員たちは日々厳しい訓練を積んでいるのだ。

国土防衛の最重要任務 弾道ミサイルへの対応能力は？

弾道ミサイルの脅威

日本の防衛にとって最大の脅威となる兵器の一つとして、**弾道ミサイル**が挙げられる。1998年8月、北朝鮮から弾道ミサイル「テポドン1号」が日本本土を飛び越えて、太平洋側の三陸沖に落下する事件があった。これは**日本列島が北朝鮮の射程内に入った**ことを意味し、新たな脅威の幕開けともいえる事態だった。

その後も北朝鮮は2006年に7発の弾道ミサイルを日本海に向けて発射。さらに2009年、2012年、そして2016年2月にも、人工衛星の打ち上げと称して日本上空にミサイルを通過させるなど、脅威を強めている。また、北朝鮮だけでなく、日本全土が射程内に収まる中国軍の弾道ミサイル「東風21」の存在も油断できないところだ。

弾道ミサイルは大気圏外まで飛翔した後、放物線を描いて地上に急降下し、爆撃を行う。その特徴は長い射程距離で、例えば北朝鮮の持つ長距離弾道ミサイルは1万キロメートル以上にも及ぶという分析があり、これはアメリカの西海岸まで到達する可能性を示している。

そして、弾道ミサイルに搭載されている兵器としては、サリンなどの神経ガスが詰まった化

北朝鮮が「人工衛星の打ち上げ」と称して2012年12月に実施したミサイル（銀河3号）の発射。2016年2月7日にも、地球観測衛星光明星4号のロケット打ち上げと称してミサイルを発射した。このミサイルは沖縄県上空を通過し、韓国国防総省の発表によれば宇宙軌道に入ったという（写真引用元：「平成25年版 日本の防衛 防衛白書」）

学弾頭や、炭疽菌などを投入した生物弾頭、そして、圧倒的な破壊力を持つ核弾頭などが想定されている。

このような脅威に対して、日本が採用している防衛策が**「BMD」**と呼ばれる弾道ミサイル防衛システムだ。

このBMDは海自と空自による迎撃、また米軍の早期警戒衛星などによる情報提供も組み込んだ構成になっている。では、万が一のときは、BMDはどのようにして国土を守ってくれるのだろうか？

ミサイルを早期に発見する

種類にもよるが、ミサイルは秒速2〜7キロの猛スピードで飛翔し、目標物に襲い掛かってくる。もし、北朝鮮から発射された場合、日本への着弾はわずか10分程度と言われているので、まさに究極の奇襲兵器といっても差し支えはないだろう。そのため、いつ、どこで発射され、どこに着弾するかを正確に予測できなければ、迎撃や避難の対応をとることができない。

そこで弾道ミサイルの探索において、大きな役割を担うのが、**アメリカ軍の「早期警戒（DSP）衛星」**だ。

弾道ミサイルは発射されると赤外線を放射するのだが、DSP衛星はその赤外線をキャッチする仕組みになっているわけだ。弾道ミサイルの発射を犯罪行為と捉えるなら、DSP衛星は事件発生を発見し、通報する防犯カメラといったところだろう。

また、地上でも2006年6月に弾道ミサイ

弾道ミサイル探索に使用される早期警戒（DSP）衛星。高度約3億6000メートルより、弾道ミサイルから放出される赤外線を探知し、ミサイル迎撃をサポートする。

ルの探知を目的とした**「Xバンドレーダー」**が青森県の車力分屯基地に、２０１４年10月にも京都の米軍経ケ岬通信所に設置された。このXバンドレーダーは**１０００キロ先の野球ボールの動きも捕捉できる**と言われるほど高性能のレーダーで、広範囲にわたる空域の監視が可能なうえ、弾道ミサイルから分離した小さな弾頭の追尾や、弾道ミサイルの「おとりのミサイル」なども識別できる。そして、これらの衛星やレーダーが得た情報が、弾道ミサイルの迎撃に活用されることになる。

ただ、このように発射の察知に関しては万全の態勢を整えてはいるが、飛翔するミサイルを撃墜して無力化しなければ意味はない。

そこで米軍と自衛隊は、弾道ミサイルの撃墜に関して、基本的に二段構えをとっている。

第1段階は飛来するミサイルに対し、アメリカ海軍艦艇、また海自のイージス護衛艦から発射するスタンダードミサイル「SM3」で撃破を狙う。SM3は高度200キロメートルを超える大気圏外での命中が可能と言われている。

だが、SM3の網をかいくぐり、本土に到達しようとするミサイルもあるだろう。その迎撃が第2段階で、ここでは空自の地対空迎撃ミサイル**「PAC3（パトリオットミサイル）」**が活躍することになる。

PAC3は、大気圏に再突入し急降下してくる弾道ミサイルを、着弾の20キロメートル手前で撃墜する、まさに最後の砦といっていい兵器だ。このミサイルには180個もの小型燃料が取り付けられており、これらが次々に噴射されることで、急激な進行方向の変化にも対応することができるのだ。

求められる防衛力

では、この弾道ミサイル防衛システムは実践でもきちんと機能し、本土を弾道ミサイルから防衛することができるのだろうか？

一応、演習では、2010年にハワイ沖で海自の護衛艦「きりしま」のSM3が、また空自のPAC3も、2008年にメキシコ州で模擬弾道の迎撃を成功させたという結果が得られている。

とはいえ、確実に弾道ミサイルを防ぐことができるという保証はない。なぜなら音速より速い弾道ミサイルが複数発射される攻撃も十分想定され、この場合全て撃ち落とすのは容易では

迎撃ミサイルPAC3。自衛隊の他、アメリカ軍やイギリス軍など世界各国の軍隊が採用している。

ないからだ。

またＰＡＣ３も、日本の主要都市すべてを守るには配備が足りていないのが現状だ。

ただ、ＢＭＤは世界的にも最高レベルにあるのは間違いない。**抑止力としての役割は相当大きい**と言えるだろう。

また、現行のＳＭ３の射程距離は約１２００キロメートルだが、その距離をはるかに超えると言われている「ＳＭ３ブロック２Ａ」という迎撃ミサイルが２０１５年６月、発射実験に成功している。

自衛隊は法の制約上、敵ミサイル基地攻略用の部隊を持っていない。

そうした弱点をカバーするためにも、このような防衛システムには、より一層の充実が求められるところだ。

資源輸送維持の新任務 ソマリア海域の海賊対策

ソマリアの海賊の脅威

海上自衛隊が初めて海外で活動したのは、1991年のペルシャ湾での機雷除去任務だが、その後も世界各地で戦災地域の復興や災害救助に貢献している。

そうした世界を舞台にした海外派遣任務のうち、現在も継続して行われているのが、**ソマリア沖アデン湾での海賊対策**だ。

この海域はヨーロッパとアジアを結ぶ重要な海上輸送ルートで、年間2万隻を超える各国の船舶が往来している。**日本関連の船舶も約2000隻が航行**し、輸出自動車の2割近くが運ばれるなど、日本経済を支える上でも特に大事な海域である。日本や欧州は漁港の整備などで支援し、安定した輸送ルートを築こうとしてきた。

だが、2000年頃から、このソマリア沖で海賊行為をする武装集団が出没し、民間の船舶が積荷を奪われる被害が報告され始めた。その強奪の手口も、ライフルやロケットランチャーといった殺傷能力の高い武器で船舶を攻撃するなど、極めて凶悪だった。

また積荷だけでなく、乗っ取られた船舶の乗員が拘束され、多額の身代金を要求される

ソマリアの海賊に占拠されたウクライナの貨物船「MV Faina」。中央に並ぶ船員を上下から海賊が監視している。

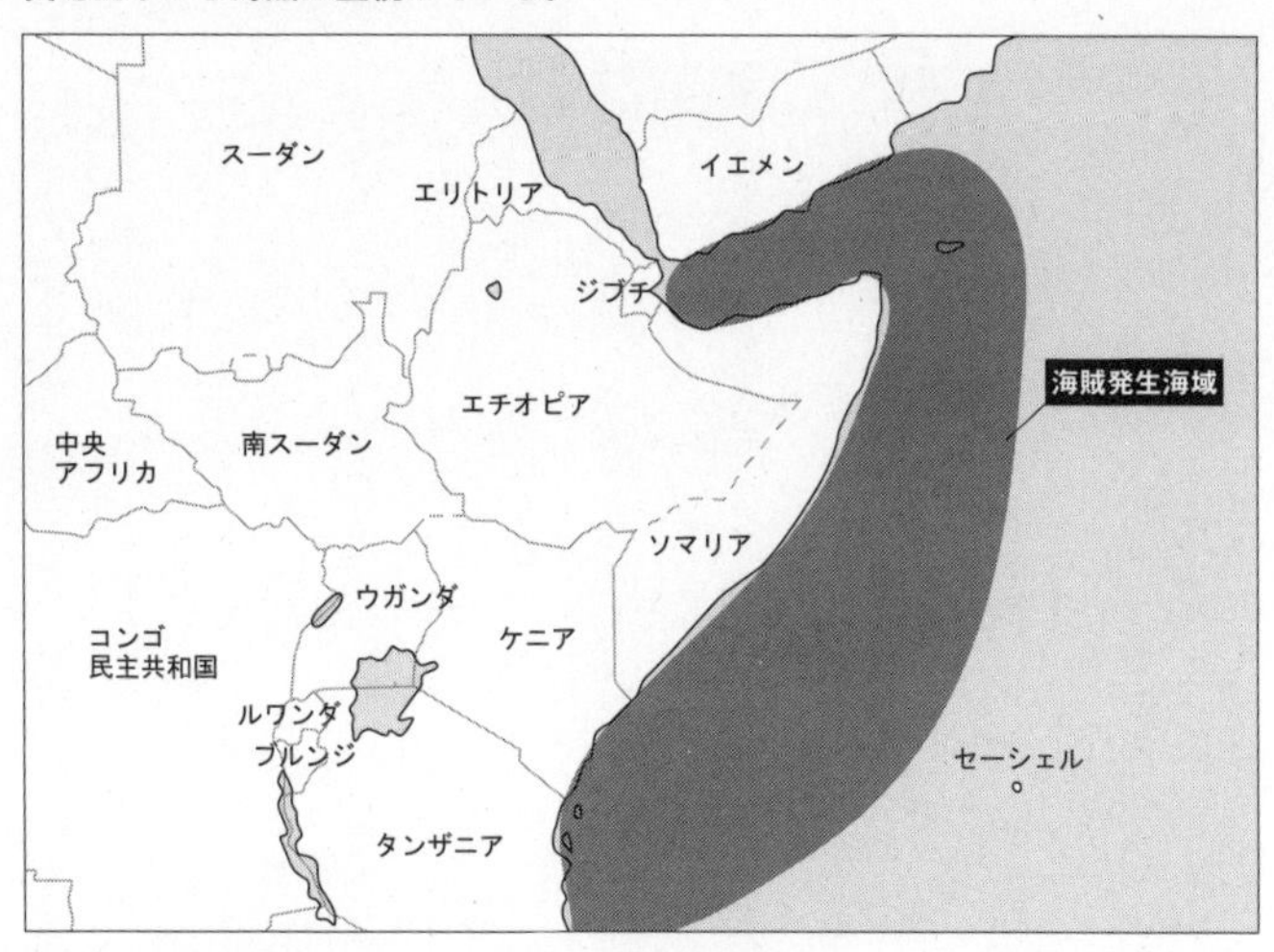

ソマリアの海賊発生海域。資源や輸出品の輸送のため、日本に関係する船舶もこの海域を航行している。

事件も続発している。実際、2008年には、800人以上の乗員が海賊によって捕らわれ、さらにその人質を巡る交渉が決裂して、乗員が殺害される事件まで起こっている。

本来、こうした行為を取り締まるのは、海賊が属する当事国ソマリアだ。だが、現在ソマリアは内戦などで混乱状態にあり、武装集団に対処できるほどの治安能力がない。また、その内戦の影響で武器が国内に流通し、職を失った漁民たちが重装備化したことも、海賊行為が横行する一因になったのだ。

そこで国連は、2008年、安全保障理事会でアデン湾での各国の船舶の運航を守るため「安全航行帯」を設け、各国が共同警備に当たることを取り決めた。

海賊の襲撃は日本にも及んだ。2008年4月には**日本郵船のタンカー「高山」が海賊に襲撃される**事件が起こっており、他人事ではすまされなくなってきていた。

そのため政府は、翌年の2009年6月に「海賊行為の処罰及び海賊行為への対処に関する法律(海賊対処法)」を制定。海自をソマリア沖に派遣することを決定した。

海賊対策での海自の役割

海自のソマリア沖での役割は、**主に民間船舶の護衛と海賊集団への警戒監視活動**と言える。そのために、2隻の護衛艦と2機の哨戒機が派遣されている。

ソマリア沖を航行する民間船舶は、1隻で航行せず、身を寄せるようにして7~8隻で「船

海賊対策のためソマリア沖へ向かう海上自衛隊員たち
（写真引用：海上自衛隊ホームページ）

団」を組む。そして各国海軍の艦船や海自の護衛艦が、前後から船団を挟むようにして約900キロ、およそ東京・博多間に相当する距離を2日ほどかけて進んでいくのだ。

民間船への海自の護衛実績は、2015年6月30日の時点で621回を数えている。海賊対処法では外国船舶の護衛も可能としているため、これまでの海自の護衛数は日本に関係する船舶で600隻以上、外国の船舶も3000隻近くにまで及んでいる。

また、空からはソマリアの隣国ジブチ共和国の空港を拠点に、**海自の哨戒機が1日8～10時間にわたって監視飛行を行っている**。

海自隊員は上空から小型船を見つけると、カメラ撮影をしながら「海賊が他船に乗り込むための梯子が積まれていないか」「船の規模に対して乗っている人数が多過ぎないか」など不自然な点を油断なくチェック。海賊船と思しき船を発見すると、同じく海賊対処のため派遣されている他国の海軍に通報し、その後、最も現場に近い艦艇が海賊船か否かの確認を行うことになっている。

各国との協力体制

このように海自の行う海賊対処任務は、**他国海軍との連携**も不可欠だ。

2014年1月、護衛艦「さみだれ」のもとに、インド籍の船舶が襲撃されているという情報が入った。この時も搭載ヘリが緊急発進して探索に当たり、フランス海軍に現場の位置や状況など速やかな情報提供を行っている。フランス海軍が向かったとき、襲撃された船舶は乗っ取られていたが、海賊は投降し、乗員も無事に解放されて、迅速な解決に至った。

現在、ソマリア沖に軍艦を派遣して海賊対策にあたっている国は30カ国以上。担当した部隊として、フランスやドイツなどのEU加盟諸国が中心となった「アトランタ作戦部隊」が知られており、またこれとは別に米海軍主導の海賊対処専任部隊**「第151合同任務部隊（CTF151）」**も設立されている。

海自も2014年2月からCTF151に参加。**監視飛行の6割を海自の哨戒機が担っている**。このことからも、多国籍部隊が海自の能力に期待を寄せていることがわかるだろう。

また2009年8月には、海自の哨戒機が上空から梯子を積んだ不審船を発見し、この情報

海賊対策のための多国籍部隊 CTF151 の面々。写真は自衛官と他国部隊員での会議の様子。

を元にドイツ海軍が急行し海賊を制圧するケースがあった。このとき、アトランタ作戦部隊から「thank you for excellent teamwork（優れたチームワークに感謝します）」というメッセージが海自に送られたという。

このような各国海軍や海自の活躍により、2011年のピーク時には237件だった海賊事案発生件数も、2012年以降は大幅に減少。2014年には11件にまで激減している。

日本から約1万2000キロメートル離れたソマリア沖は、日中の気温が50度を超えることもある過酷な環境だ。その異国の海に派遣されたおよそ600人の海自隊員は、貿易立国日本の資源輸送に欠かせない海上交通の安全のために、文字通り日々汗を流して任務に邁進しているのだ。

新人隊員はどのような訓練を積んでいるのか？

基礎を養う教育隊

海上自衛隊の訓練は、入隊してすぐ始まる。

新人の海自隊員は、横須賀、舞鶴、呉、佐世保に設置された教育隊で約4ヵ月の間、自衛隊法規や銃の扱い、護衛艦に関する知識などを身につけながら、**徹底的に基礎体力訓練を受ける**ことになるのだ。

その訓練メニューには、腕立て伏せや腹筋のような筋力トレーニングから、水上部隊に欠かせない水泳・短艇などの技術習得があり、いずれも教官が一から教え込むことになっている。

この体力訓練には測定テストもあり、能力に応じて1〜6級に認定される。

例えば、腕立て伏せでは24歳以下の男性は2分間で82回できれば1級、40回までで6級。6級をクリアできない場合は級外となる。

運動と水泳が1級の隊員には金記章が与えられるが、級外認定された隊員には特別な靴と帽子の着用が義務付けられる。

運動能力での級外なら赤靴、水泳なら赤帽を着用して、特別訓練に臨むことになるのだが、これでは基礎能力を満たしていないと自ら言っているようなもの。当然目立つため、恥ずかしさから皆が必死で訓練に取り組み基準を満たそ

短艇訓練に取り組む新人隊員たち
(写真引用：海上自衛隊横須賀教育隊ホームページ)

練習艦「しらゆき」で実習中の新人隊員。写真はボンベの着用方法を学んでいる様子（写真引用：海上自衛隊呉教育隊ホームページ)

うとするのだという。

　こうして磨かれる基礎体力は、どの部隊に配属されるにせよ、自衛官には必須の要素だ。

　哨戒任務で活躍することになる航空集団のパイロット候補生たちの場合、基礎体力はもちろん、急旋回や急発進などの加速度に耐えられる体をつくらなければならないし、艦艇の乗組員も、狭い艦内で重い武器弾薬や装備品を運ぶことが多い。海自隊員として実務を務める以上、どのような部署であっても半端な体力では仕事にならないだろう。

　教育隊を卒業した隊員は各部隊に配属され、任務内容にもよるが、護衛艦では2週間から3カ月程度の訓練航海が年複数回実施される。

　隊員は1年のうち120日程度を洋上で過ごすのだが、その間にエンジンなどを扱う機関科や航行や気象観測に当たる航海科、また調理を任される補給科など、それぞれの担当部署での艦運用を叩き込まれ、練度の向上を図ることになるのだ。

　また、それら専門の訓練だけでなく、艦内では様々な緊急事態を想定した訓練も実施されている。特に艦艇にとって恐ろしいのが、敵艦からの攻撃や思わぬアクシデントによって生じる**火災や浸水**だ。

　ひとたび被災すれば、艦だけでなく隊員にも重大な被害をもたらす危険がある。そのため、夜間でも総員起こしの号令のもと訓練が行われ、応急員と呼ばれる専門知識のある隊員を中心に、浸水箇所の閉塞や排水、また消火処置、排煙通路の設定などが行われるのだ。

　このように、航海中の新人隊員たちは厳しい

練習艦「しまゆき」に搭乗する訓練生たち。2015年の約５ヶ月間の遠洋訓練では、しまゆきを含む３隻がアメリカやブラジルなど南北アメリカ大陸各国を訪問。約700人が搭乗した（写真引用：海上自衛隊ホームページ）

訓練に忙殺されながらも、技能を身につけ、国内外の任務をこなすための能力を高めている。

海自の戦闘訓練

新人隊員が基礎的な技術を身につけた後は、**戦闘訓練**が実施される。戦闘訓練は1隻だけで実施されることもあれば、艦隊合同で行われることもあり、多様なパターンに応じた訓練が存在する。

例えば、哨戒機が敵の潜水艦を発見した場合の対処法や、反撃のためのシミュレーションの考え方を養うものがある。海自は対潜戦を重視しているため、哨戒機を使用して潜水艦への対応を学ぶことは極めて重要だ。

また対空訓練では、ミサイル攻撃への対応も取り扱う。訓練では、艦艇のモニターに敵航空機がキャッチされ、ミサイルが発射されたと想定。通常の訓練では迎撃ミサイルを発射することはないが、射撃のスタンバイから発射まで40～50人の隊員が関わることになるので、手順の確認が入念に行われることになっている。

さらに、国民の生命・財産を守るため、**海上での救難・機雷処理訓練**なども行われている。

このように、訓練の内容は多岐にわたるが、**培った能力を実戦で発揮するためには、高い協調性と団結力が必要不可欠**だ。たとえば、30キロ以上ある砲弾を手渡しで何十発と運んでいく作業でも、呼吸が合わなかったり、声掛けをおろそかにしたりすると大事故に繋がるおそれがある。狭い艦内生活が長期間続くことも多いため、海自にとってチームワークは欠かせない要素なのだ。

外国軍との共同演習

そして、こうして身につけた成果を確かめるべく行われるのが**演習**である。

演習とは、実戦に近い形の部隊訓練を指す。あらかじめ設定された作戦計画に基づいて一定規模の部隊が動き、計画と実際の行動に齟齬がないかを検証し、データの収集に当たるのだ。

海自のみならず自衛隊全体で行うこともあり、ときには他国の軍隊と行われる場合もある。その一例が1986年から実施されている**「日米共同統合演習」**である。

2014年には「島嶼(とうしょ)が侵攻された際の、自

2015年の日米共同統合演習の様子（写真引用：海上自衛隊ホームページ）

衛隊の統合運用と米軍の共同対処」というシナリオのもと、海自の艦艇約25隻が参加する大規模な演習が行われた。近年懸念されている、中国の軍事力の脅威を念頭に置いた内容の演習だったと言える。

また、海自は他国の軍隊だけでなく、警察や自治体といった機関と共同訓練を行うことも多い。2015年9月1日にも首都直下型地震を想定した東京都の防災訓練に、海自からは護衛艦「いずも」の部隊が参加。訓練ではヘリを使って負傷者を甲板に降ろし、格納庫内でケガ人の治療を行うなど災害時の手順を確認し、他機関との連携を深めた。

このようにして、海自の隊員はいざというときに迅速かつ的確な対応ができるよう、訓練と演習を重ね、高い練度の維持に努めているのだ。

5章 海上自衛隊が直面する大きな課題

法制度の問題は改善されず？海自は受身の対応しかできないのか？

日本独自の防衛政策

日本の国防の方針は**「専守防衛」**だ。この方針のもと、自衛隊が軍事力を行使できるのは敵からの攻撃を受けた場合のみで、その際の反撃も必要最低限の範囲にとどまり、相手国の根拠地に攻撃を行うことも禁止されている。

日本国憲法第9条2項にも「国の交戦権は、これを認めない」と明記され、自衛隊が国土防衛のための存在ということを示している。

だが、諸外国が軍隊を持つ目的も、あくまで自国の防衛であって、他国への侵略を宣言している国家など皆無と言っていい。

実際、中国の憲法でもその29条に「武装力は人民に属し、その任務は国防を強固なものとし、侵略に抵抗し祖国を防衛する」とある。

ただ外国の軍隊が日本と決定的に違うのは、国土防衛のためであれば敵地への先制攻撃も認めているという点だ。それは、例えば韓国軍では巡航ミサイル「玄武」、中国軍では大陸間弾道ミサイル「東風31」などの攻撃兵器を保有していることからも明らかだろう。

一方、自衛隊は**攻撃用兵器の配備は禁じられ、その兵装は防衛専用に徹しているる**と言っていい。

1954 年 6 月、自衛隊発足へ向けて行われた「服務宣誓式」の様子（写真引用：平成 16 年版防衛白書）

中国の准中距離弾道ミサイル DF21。核弾頭も搭載可能で、対空母用に運用される可能性が指摘されている。

過去の侵略戦争の反省から生まれた専守防衛。この理念をもとに戦後の日本は出発したが、残念なことに、**他国に都合のいいよう利用されてしまうこともある。**

例えば2013年1月30日、東シナ海で中国海軍のフリゲート艦「ジャンウェイ」が、海上自衛隊の護衛艦「ゆうだち」に火器管制レーダーを照射する事件があった。

ゆうだちに向けられたのはミサイルなどを発射するための攻撃用のレーダーで、銃口を人に突き付けることと変わらない非常に危険な行為だ。これは攻撃予告以外の何物でもなく、海自が先に攻撃しても、国際法的には何ら問題がないほど挑発的な行動だった。

だが中国海軍からすれば、日本は「専守防衛」を掲げており、政府も関係の悪化を恐れて、慎重すぎるぐらいの対応をとることが予想できた。そのことが判っているから度重なる挑発行為をしているのだろう。少なくとも相手が海自でなく米海軍であれば、中国もこのような行為は取らなかったと考えられる。

中国が目論んだとおり、この件での日本政府の対応は「中国に謝罪を求める」程度だった。

武器使用の厳しい基準

このような挑発行為に対して、海自は対抗策が何も取れないのだろうか？

一応、自衛隊法には、防衛出動時以外でも武器使用が許可されるケースがある。それが95条の「自衛官は、自衛隊の武器、弾薬、船舶、航空機（中略）を職務上を警護するに当たり、（中

行動名	発令	行動名	発令
防衛出動	なし	海賊対処行動	あり
防衛出動待機	なし	弾道ミサイル等に対する破壊措置	あり
防衛施設構築の措置	なし	災害派遣	あり
防衛出動下令前の行動関連措置	なし	地震防災派遣	なし
国民保護等派遣	なし	原子力災害派遣	あり
命令による治安出動	なし	対領空侵犯措置	あり
治安出動待機	なし	機雷等の除去	あり
治安出動下令前に行う情報収集	なし	在外邦人等の輸送	あり
要請による治安出動	なし	後方地域支援等	なし
警護出動	なし	国際緊急援助活動	あり
海上における警備行動	あり	国際平和協力業務	あり

自衛隊法に規定されている自衛隊がとれる行動。自衛隊法改正によって項目を増やし、2016年2月現在は22の行動がとれる。だが、防衛出動以外の行動では武力の行使が認められていないため、武器使用には厳しい制約が課される。

略）合理的に必要とされる限度で武器を使用することができる」という規定だ。

一見、現場での先制攻撃や反撃が可能なように思えるが、武器を使用できる者は「自衛官」であって「自衛隊」ではない。つまり、あくまでも武器使用の判断は自衛官個人の範疇（はんちゅう）であり、自衛隊による組織的な武力行使が認められているわけではないのだ。また、肝心の武器使用も、正当防衛以外では相手を傷つけてはならないという制限が加えられている。

さらに、この法律に従えば、**敵が侵害行為を終えて逃げてしまえば、海自の護衛艦は追いかけて反撃することすらできない**ことになっているのだ。それは正当防衛の要件である「急迫不正の侵害」、つまり差し迫った危機はすでに終わった、と認定されるためだ。

このように、挑発行為や侵略行為があったとしても、海自は手足を縛ったまま戦うような対応しかできないが、残念なことにこれが現在の法制度の限界なのだ。

敵基地への攻撃はできない

また、挑発行為だけでなく、いざ有事となった場合、敵国は基地から日本国土に爆撃機やミサイルなどを飛ばしてくるだろう。

その対処として海自は、イージス艦をはじめとした護衛艦を派遣し迎撃ミサイルを発射するなどして国土の防衛にあたることになる。それにより、ある程度の敵の排除は可能となる。

だが、敵基地から波状攻撃がかけられ、雨あられとミサイルが振りかかってきた場合、いつまで持ちこたえられるかはわからない。海上でいくら敵ミサイルを迎撃できても、部隊編制が可能な基地拠点が残っていれば、敵が攻撃をやめることはないからだ。

このような場合、有効な防衛策の一つとして、ミサイルを発射する敵基地への攻撃が挙げられる。

これがいわゆる**「策源地攻撃」**で、2013年2月に、当時の小野寺五典防衛大臣は「日本に対し明確な攻撃の意図がある場合には、策源地攻撃が憲法上許されるというふうに私どもは理解をしております」と答えている。

つまり、有事の際の敵地攻略は専守防衛の範囲内ということだ。

だがここで、**海自が敵地を攻撃できる「巡航ミサイル」搭載艦艇を保有していない**ことが

策源地攻撃について言及した小野寺五典元防衛大臣。策源地攻撃は2014年の新防衛大綱にも触れられているが、具体的な対策については言及されていない。

問題になってくる。長距離型の迎撃ミサイル「ハープーン」や1分間に3000発が発射可能な「高性能20ミリ機関砲」などの兵器を装備しているものの、防衛用の規模しか有していないため、事実上、先制攻撃は不可能ということになる。

現在のところ策源地攻撃を行う唯一の手段は「自衛隊の代わりに米軍に敵地に行ってもらい、反撃をしてもらう」というものだ。

しかし、外交上の理由などで、アメリカの支援が見込めなくなる可能性も十分考えられる。

こうした事態に対応するためにはどのような法制度や装備が必要なのか。賛否両論の安保法制が成立した昨今、課題は多いが、防衛環境のあり方はこれからも議論されていくことだろう。

表面化しつつある兵器老朽化 新兵器の配備は間に合うのか？

旧式となる兵器群

どれほど高性能兵器を揃えた軍であっても、**兵器の老朽化**からは逃れられない。経年劣化はもちろん、周辺諸国の技術向上によって、時代遅れとなることも十分にありえる。

そうした装備の旧式化が問題となりつつあるのが、日本の自衛隊である。

例えば航空自衛隊では、「F4EJ」戦闘機の老朽化から「F35」戦闘機の配備へ至ったものの、その影で「C2」輸送機と「T4」練習機の劣化が問題となりつつあるのはあまり知られていない。

陸上自衛隊についても、「74式戦車」の老朽化による引退で、将来的には戦車保有数は現在の約700輌から300輌近くにまで減少。さらに政府の方針転換もあって、本州から訓練用以外が消滅することが決まっている。なお、陸上攻撃ヘリについても、後継の「AH64D」が価格の高騰で調達中止になったことで、旧式の「AH1S」が主力の座についている。

このように、自衛隊で表面化しつつある装備の老朽化は、海上自衛隊にも及んでいる。その最たる例が**P3C**だろう。

現在でも哨戒部隊の主力を務めるほどの高性

はつゆき型護衛艦「さわゆき」。ヘリを収納できる格納庫を持つ。1984年に就役し、老朽化に伴って2013年に除籍となった（写真引用：海上自衛隊ホームページ）

能機ではあるが、経年劣化で年々数を減らして保有数は80機近くにまで落ち込んだ。また、整備費の不足で共食い整備（不要な機体から部品を貰って行う整備）も珍しくないという。

さらに、海自の要・艦艇の老朽化も無視できなくなってきた。イージス艦などの主力艦はともかく、昭和末期から平成初期に建造された護衛艦「はつゆき」型、「あさぎり」型、「あぶくま」型は、すでに艦齢20年を越えている。

一方で、東西冷戦が終わって急激な軍拡が必要なくなった現在では、兵器の性能維持についてはさほど心配しなくてもいいという意見もある。仮に老朽化しても改修で延命すればいいし、後継兵器の開発も着々と進行しているため、そこまで心配はいらないというわけだ。

しかし、見落としてはいけない点が一つあ

る。それは、海自を上回るスピードで、中国が軍拡を続けていることだ。

中国海軍の成長スピード

急成長した経済力を武器に、中国海軍が軍拡を進めているのは、これまでに紹介したとおり。

現時点で見れば、中国海軍の兵器はお粗末なものである。実戦に耐えられない旧式空母、性能に劣るイージス艦まがいの艦艇、海自が対処可能な潜水艦隊に、実用に耐えない哨戒部隊。注意すべきは物量ぐらいだろう。そうした不利を自覚しているからこそ、中国は海軍強化を進めている。

中国海軍が海自に追いつくまでには、まだ10年はかかるとされている。逆にいえば、**自衛隊に残された猶予はあと10年しかない**のだ。

こうした事態に対応するため、海自は旧式艦の延命処置と新型艦の開発によって戦闘力・抑止力の強化を図ろうとしている。

だが問題なのは、**このまま計画を進めてしまうと、強化どころか足手まといになる可能性がある**ことだ。

その指摘を受けている機体が、開発が計画されている2500トンクラスの護衛艦である。

計画ではアメリカ軍の「フリーダム」級の形状を参考にステルス性を付与し、護衛艦の攻撃力を保ちながら機雷除去と沈没潜水艦の探知機能まで加えるという野心的な設計となっている。

万能艦といえば聞こえはいいが、欲張りすぎた性能要求は、**コストの高騰と開発期間の遅延を招く可能性がある**ため、中国の軍拡スピード

海自の新型艦の参考にされているアメリカ軍の沿岸域戦闘艦「フリーダム」

に追い抜かれる可能性もある。
　また、たとえ要求通りの性能になっても、用途が多すぎれば器用貧乏になるかもしれない。それはF35戦闘機や「世宗大王」級イージス艦を見ればわかるだろう。
　兵器の延命には限界があり、いずれは必ず後継兵器が必要となる。しかし肝心の新兵器が、コストの高さで量産には向かず、性能の中途半端なものばかりとなれば、逆に部隊の弱体化を招きかねない。そのため新兵器開発は、国内外の実情と将来性を見越して計画的に進めなければならないのだ。
　果たして護衛艦隊の強化は中国海軍の進化に対抗できるのか。日本が舵取りを誤れば、海自が中国軍に追い抜かれる未来も十分に有り得るだろう。

世界の特殊部隊と比べてわかる海上テロへの適応力の低さ

対テロ部隊の弱点

日本は過去に、テロリストに屈した経験がある。1977年9月、日本赤軍のテロリストが、インドのムンバイ空港を発った日本航空472便をハイジャック。身代金と服役中のメンバーの釈放要求に対し、日本政府は彼らの要求を全て呑んでしまったのだ。

「人命は地球より重い」という福田赳夫首相（当時）の発言から弱腰だと批判されることも多いが、当時は対テロ用特殊部隊がなく、解決能力自体がなかった。

しかし、テロの危険性がより高まった現在、警察や陸上自衛隊だけでなく、海上自衛隊にも特殊部隊が編成されている。それが2001年に誕生した**「SBU」というテロ対応部隊**だ。

このSBUによって、海自のテロ対処力が確実に高まったのは、まぎれもない事実ではある。ただし、テロ対策が万全になったわけではない。**まだまだ課題が多い**のが現状だ。

まず問題となっているのは規模である。SBUの隊員数は発足当時で80人前後。現在では多少増員されたと言われているが、それでも100人にも満たないという。北朝鮮特殊部隊（10万人以上）や中国の緊急展開部隊（約5万人）

2001年、海上保安庁の巡視船が東シナ海上の不審船に接触。だが、不審船は逃走し、巡視船による再接触時には攻撃を加えてきた。戦闘の末、工作船は爆発物が引火して沈没。船を調べた結果、北朝鮮の工作船であることがわかり、事件は九州南西海域工作船事件と呼ばれるようになった。写真に写るのは引き上げられた工作船（写真引用：海上保安レポート2003）

のような規格外は別としても、イギリス軍の「SAS」（約600人）や韓国海軍の特殊戦旅団（約1000人）と比べても少ないのが現状だ。

さらに、経験不足も懸念材料だろう。SBUの経験不足は海自も認識していることで、発足当時から米英の特殊部隊を教官として招き、技量と戦術の強化に励んできた。アメリカ軍からも賞賛されているとされ、技量は十分だという反論も存在するため、実戦でも経験不足を補うことは出来るかもしれない。

しかし、SBUは設立以降、一度も実戦投入されたことがない。「九州南西海域工作船事件」では出動待機となるものの結局は投入されなかったし、ソマリア沖の海賊対策では護衛艦に同乗したとされているが、2016年までにテロリストと戦ったことはなく、対テロ戦のノウハウが不足したままなのだ。

そして、どれだけ隊員を鍛えたとしても、克服できない問題がSBUにはある。それは**即応力の不足**である。

即時対応できないネック

アメリカには「SEALs」という特殊部隊がある。「Sea（海）Air（空）Lands（陸）」の頭文字を繋げた部隊名で、海軍系特殊部隊でありながらも、地球上のあらゆる場所での活動が可能。海上からの潜入作戦はもちろんのこと、要人警護や人質救出、陸海空の対テロ作戦に従事するなど、場所を選ばぬ万能部隊で、あのオサマ・ビンラディンを殺害したのもこの部隊だ。

SEALsの最大の強みは、太平洋方面と大西洋方面にそれぞれ約2600人の4チームを置くことで得られる、高い即応性にある。各方面には1チームずつ専用のSDV（小型潜水艦）輸送隊が配置されて、命令が下れば即座に行動する準備が整っているのだ。

では、SEALsに多大な影響を受けているSBUはというと、こうした即応性は残念ながら低い。**マンパワーによる展開力がないのに加え、現場への輸送手段は限られている**。アメリカの特殊作戦軍のような、全特殊部隊を統括する組織がないので陸自との連携もとりにくい。

さらに問題は、海外で日本人を標的としたテロが発生した場合である。例えば、日本国籍の貨物船がテロリストに乗っ取られたとしよう。他国なら交渉決裂後に特殊部隊を出動させるだろうが、SBUはそうはいかない。戦闘目的の

アメリカの特殊部隊SEALs。その規模はおよそ2600人。陸海空の様々な任務をこなす高い展開力を持っている。

海外派遣には法的制約が付きまとうし、出動命令が下ったとしても、事件現場によっては移動手段が限られてしまう。加えて、政府与野党内で出動の是非についての議論が加熱すれば、特殊部隊派遣による事件の早期解決はきわめて難しいだろう。

韓国の特殊戦旅団は、2011年にソマリア沖でタンカーが海賊に乗っ取られた事件で、一人の犠牲者も出さずに作戦を成功させる偉業を遂げた。自衛隊も同じ状況で同じ結果を出せるのかといえば、答えは否と言わざるを得ない。

日本がテロに強い国家となるには、SBUを含む自衛隊の展開力を高めるだけでなく、**政府も決断力に富む組織になる必要がある**。でなければ、テロに屈した40年近く前の過ちを、繰り返すことになるだろう。

表面化しにくい海上自衛隊の弱点
艦隊の足を引っ張る輸送制度の不備

海上自衛隊の輸送体制

海上自衛隊の切り札イージス艦、艦隊を構成する数々の護衛艦、海中の主戦力である潜水艦。そうした正面兵力のみが注目されている中で、目立つことの少ない艦種が**輸送艦**である。

確かに、戦う艦艇ではないことから、有名にはなりにくい。だが、有事や災害時には部隊や物資を迅速に現場へ運ぶ輸送力が作戦の成否を左右する。また、治安が悪化した第三国から邦人を無事に救出するには、スピードも求められる。そうした意味では、輸送活動の中心となる輸送部隊は、まさに**海自の陰の主役**というべき組織なのだ。

その重要性は歴史が証明している。輸送を疎かにした結果、アメリカ軍にシーレーンを破壊された旧日本海軍は、食糧や兵器生産に必要な資源などの入手が困難となり、壊滅的な経済被害を受けた。過度の決戦主義に陥り輸送船団の護衛を軽視したことで、アメリカ軍に多数の船舶を沈められ、離島の守備隊を孤立させただけでなく、大戦末期は資源不足で軍の行動すら難しくなっていたのだ。

しかし海自は、旧軍の失態を教訓にしながら、組織を強化してきたことで有名だ。ならば

太平洋戦争で沈められた民間徴用船「綾戸丸」。輸送を軽視した日本海軍はアメリカにシーレーンや輸送船を破壊され、物資が窮乏するようになった。

海上自衛隊のエアクッション型揚陸艇LCAC。第1輸送隊に所属する（写真引用：海上自衛隊ホームページ）

輸送面での失敗も解決されている、と言いたいところだが、残念ながら、このままでは旧軍の過ちを繰り返す可能性が高いと見られている。

海自の輸送業務を担うのは護衛艦隊隷下の**「第1輸送隊」**であり、災害派遣を中心に活躍していることはよく知られている。輸送力に優れた全通式甲板搭載型の「おおすみ」型輸送艦を配備していることは有名だが、問題は部隊の規模である。

編成内容は、おおすみ型3隻と揚陸用のエアクッション艇6隻で、先進国の輸送隊と比べても悪くはない。では、第1と名付けられているからには、第2、第3輸送隊も当然あると思うはずだが、そんな部隊は存在しない。第1輸送隊にある輸送艦が、護衛艦隊の保有する輸送力の全てなのだ。つまり、**海自は輸送艦をたった3隻しか保有していない**ことになる。

なお、地方隊に「1号型」という小型輸送艇があるのだが、佐世保と横須賀に1隻ずつしか配備されていないので、輸送力が不足していることに変わりはない。

時代の変化で発覚した弱点

ただし、輸送体制への批判には反論も少なくない。軍事組織に大規模輸送力が要求されるのは他国へ侵攻する場合がほとんどで、防衛専門の海自にとっては現状でも不足していると言い難い。航空輸送を活用する手段もあるし、仮に輸送艦が足りなくなっても、民間船をチャーターすればいいという意見だ。

確かに、東日本大震災では民間船を借り入れ

おおすみ型輸送船。輸送任務を担う船だが、海自が保有する輸送船はおおすみ型3隻と小型の輸送艇6隻の計9隻しかない（写真引用：海上自衛隊ホームページ）

ることで輸送力の弱さをカバーしており、国内の災害派遣などに限れば、そうした意見は一理あるように思える。

また、ソ連軍の北海道侵攻が危険視されていた冷戦期では、陸上防衛が重視された関係から海自の輸送力よりも陸上自衛隊の地上輸送が槍玉に挙げられやすかった。

しかし、ソ連は1991年に滅び、北海道の防衛上の脅威度は低くなった。現在、それに代わって重要視されている地域は、海自の出動対象となる**尖閣などの南西諸島方面**だ。

離島の防衛と奪還には、地上戦よりも補給と輸送が重要となる。陸伝いで補給が可能な内地とは違って、島への輸送手段は空と海に限られる。空輸をするにしても、島が空港を設置できる広さがあるとは限らないし、それ以前に航空機で輸送可能な物資の量などたかが知れている。離島輸送の要は船舶をおいて他にないのだ。

　そうなると、海自の輸送力が問題となるが、保有する輸送隊はたったの1部隊。守る島が一つだけならまだしも、諸島全体の防衛となれば輸送範囲も当然広くなる。そうでなくとも島への継続した補給を行うためには、たった3隻の輸送艦では心許ない。

　民間船を利用しようにも、港湾施設が壊滅した島や戦闘地域への迅速な輸送はまず不可能である。客船や貨物船は緊急地域への輸送など想定していないのだから、揚陸機能は輸送艦の足元にも及ばないのだ。

　これらに加え、有事では敵軍の妨害があることも忘れてはいけない。潜水艦が主力の現代の中国海軍が日本の離島を攻めるとすれば、ほぼ確実に**海上封鎖による守備隊の弱体化を狙う**だろう。

　そうなると、護衛艦隊は中国艦隊と戦うよりも輸送艦の護衛につくことが多くなるが、潜水艦の数で中国が勝っている以上、佐世保から約１０００キロ、沖縄からでも約４００キロはある尖閣への航路上で輸送艦を守りきるのは難しい。何隻かは沈められると覚悟したほうがいいだろう。

　そして、その何隻かに「おおすみ」型が含まれていたら、揚陸能力に優れたこの艦を失った海自の輸送能力は確実に激減する。

　旧日本海軍の例からわかるように、輸送能力が低下した国が島嶼戦で勝つのは難しい。日本が少量の「おおすみ」型を失うだけで、尖閣の

海上自衛隊が借り受けた退役民間フェリー「ナッチャン World」（©View751 and licensed for reuse under this Creative Commons Licence）

攻防は間違いなく中国軍の優位に傾くだろう。

現在の日本は、機動重視の名目で即応部隊の編成と拡充を急いでいるが、機動性の中核となるべき海上輸送力の強化については後回しにされている印象がある。２０１４年に退役民間フェリーの「はくおう」と「ナッチャンＷｏｒｌｄ」を借り受け輸送艦代わりにしたが、対策としては不十分としか言いようがない。

また、船舶数の問題以前に、フェリーを運航するために必要な海技士の資格保有者を増やす必要もあるだろう。

輸送部隊の拡充強化と、離島への効率的な輸送体制の確立。これらの課題を早急に解決しなければ、数百万の兵力を海上封鎖で無力化させられた太平洋戦争の失敗を、今またこの時代で繰り返すことになるかもしれない。

北朝鮮と衝突した場合自衛隊はどのように対応するのか？

最も身近にある脅威

日本から飛行機でわずか1時間の距離にある独裁国家、北朝鮮。金正恩第一総書記を頂点とするこの国は、**軍事を何より優先する「先軍政治」**の体制をとり続けている。そのため軍の総兵数は陸軍を中心に約120万人と、数の上では自衛隊を圧倒している。

また、北朝鮮は日常的に「日本に鉄槌を下す」と好戦的なアナウンスを行っており、安全保障上、非常に危険な存在だ。

では、その好戦的な言葉どおり、北朝鮮が日本に攻撃を仕掛けてくる日は来るのだろうか？もし、その日が来た場合、自衛隊はどう対処するのだろうか？

実際のところ、韓国と対立を続ける北朝鮮が、装備に勝る日本に兵力を傾けるとは考えにくい。だが、朝鮮戦争が再発すれば話は違ってくる。38度線で軍事衝突が起こった場合、「米韓相互防衛条約」に基づき米軍が韓国の支援に乗り出すことになる。そこで北朝鮮は、米軍の後方支援基地のある日本に攻撃を行う可能性がでてくるわけだ。それは、日朝間の有事の発端として十分想定される状況だ。

ただ、日本は四方を海に囲まれた島国なの

北朝鮮の首都・平壌。正面に広がるのが軍事パレードでも使われる金日成広場。
(Sven Unbehauen and licensed for reuse under this Creative Commons Licence)

韓国と北朝鮮の軍事境界線がある板門店

で、大型艦艇による砲撃や搭載戦闘機からの爆撃しか攻撃の方法はない。だが、北朝鮮軍がそのような攻撃を加えてくる可能性は、極めて低いと考えられる。

その理由は、逼迫した経済状況を鑑みればすぐわかる。138ページ紹介したように、資金力不足により整備すらままならない北朝鮮海軍の艦艇は、老朽化が著しく、**その能力も沿岸パトロール程度**とされている。

事情は空軍も同じで、慢性的な燃料不足で飛行訓練はほとんど行われず、パイロットの技量も相当低下している。つまり、北朝鮮の空・海軍はとても近代戦を戦えるレベルではないのだ。最新鋭の性能を持つ海上自衛隊の護衛艦相手に制海権・制空権を奪うことはまず不可能だろう。

だが、そんな軍の脆弱さを補うべく存在するのが**「弾道ミサイル」**と**「特殊部隊」**だ。

ミサイル発射は自殺行為

1998年のテポドン1号発射以来、日本は幾度となく北朝鮮のミサイルの脅威に晒されている。発射から10分以内で日本に着弾し、通常弾頭であっても破壊効果が数百メートル四方に及ぶと推定されるため、防衛のためには1秒でも早い対処が必要だ。

そのため2005年以降は、実際にミサイルが発射されなくても攻撃の意図が明らかな場合には**「武力攻撃事態」**が認定され、事前に防衛出動が出せるようになった。

複数発のミサイルが発射された場合でも、「日米安全保障条約」が発動され、同盟国であ

アメリカのミサイル駆逐艦ステザムから発射されるトマホーク。現在、ステザムは横須賀港に就役している。

る米軍が反撃に出ることになっているため、迎撃は十分可能だと考えられる。

実際、条約には**「北朝鮮が日本を武力攻撃すれば、アメリカはそれを自国に対する攻撃とみなす」**という内容が記されているのだ。

そして、日本を拠点とする米海軍の艦艇には、敵地攻撃能力を持った「トマホーク」などの巡航ミサイルが標準装備され、300発程度が常時発射可能とされている。

日本政府や海自が、こうした高い能力を有する米軍と情報共有などで連携できれば、ミサイル攻撃の脅威を取り除くことができるはずだ。

特殊部隊への対策

ハード面である装備に頼れないとなると、北朝鮮が主力とするのはソフト、つまり人的能力だろう。

北朝鮮には極限まで鍛え上げられた肉体を持ち、小火器や近接戦闘用のナイフの扱いにも熟練した特殊部隊員が、10万人以上存在するといわれている。そしてこの部隊は、1968年に韓国大統領官邸へ襲撃し、1983年にはビルマ（現・ミャンマー）に訪問中の韓国閣僚などを17名爆死させるなど、数多くのテロや破壊工作に関わってきたのだ。

この特殊部隊が工作船に乗り、日本国内に侵入すれば原子力発電所や鉄道などへの破壊活動を行う可能性があり、日本へのダメージは計りしれない。

こうした危険部隊への対処は、とにかく**日本の地を踏ませない**ことに尽きる。そこで実力を発揮するのは、やはり海自の哨戒機や「はやぶさ」型に代表される高速艦艇だ。

上空から哨戒機が海上を監視し、工作船を発見するやその進行を遮るべく対艦ミサイルなどの発射を行う。1999年の「能登半島沖不審船事件」では、北朝鮮船を取り逃しはしたものの、哨戒機は不審船に向けて爆弾4発を投下した実績があるのだ。

また、海上でも高速ミサイル艇が拿捕を目指し、敵が抵抗すれば艦砲射撃などで撃沈することになる。また、工作船対策の切り札と言われる海自の特殊部隊「SBU」が敵艦に乗り込み、制圧するケースも考えられるだろう。

万が一、その警戒態勢をくぐって上陸を許しても陸上自衛隊、中でもテロ対策で高度な訓練を受けた**「特殊作戦群」**が待ち構えている。い

陸上自衛隊のテロ対策部隊「特殊作戦群」の隊員。万が一、北朝鮮の特殊部隊が上陸した場合は、特殊作戦群などを統括する中央即応集団が出動すると考えられる（写真引用：中央即応集団ホームページ）

くら北朝鮮の特殊部隊が屈強と言えども、自衛隊の組織力の前に孤立無援で戦い続けられるものではない。

日本での出来事ではないが、1996年に26人の北朝鮮特殊部隊が韓国に潜入する事件があった。だが、この時も2か月という時間はかかったものの、最終的には鎮圧されている。

とはいえ、懸念されるのが一般国民のパニックだ。戦後70年、侵略と無縁であった日本国民の動揺は相当なものが予想される。そのため2004年には**「国民保護法」**が制定され、有事を想定した避難訓練などが自衛官や民間人を交え実施されるようになった。

万全を期すためにも、今後は非常時に官民が団結できるような体制をつくっていくことも必要となってくるだろう。

自衛隊が他国軍のように即時対応できないのはなぜ？

迅速とは言えない防衛出動

日本の海域を我が物顔で航行し、挑発を続ける中国や北朝鮮の船舶。今のところ、これらの国が、本気で日本を侵略する可能性は低いと言われている。

だが、挑発がエスカレートして、軍事衝突に繋がる可能性も決してゼロではない。万が一そのような事態に陥った場合、日本政府は海上自衛隊に迅速な出動命令が下せるのだろうか？

自衛隊法76条には「内閣総理大臣は、我が国に対する外部からの武力攻撃が発生した（中略）場合には、自衛隊の全部又は一部の出動を命ずることができる」という規定がある。これがいわゆる**防衛出動**と呼ばれるものだが、その出動の手続きはとても迅速とは言い難い。

日本の国土が武力攻撃を受け、あるいはその危機が明白になると、まず内閣総理大臣が事態への「対処基本方針案」を策定することになる。

次にこの方針案は、内閣に設置されている安全保障会議で諮問され、そこで審議された後に総理大臣へ答申され、対処基本方針が閣議決定される。

だが、出動手続きはこれだけでは終わらない。さらに国会の承認を得ねばならないし、「武

安倍晋三内閣総理大臣とアメリカのオバマ大統領。防衛出動は戦後一度も発令されたことがないが、発令のためには、法に従い、内閣総理大臣が許可を下すことになっている。（写真引用：首相官邸ホームページ）

防衛出動発令のためには、安全保障会議などでの諮問や閣議決定などののち、国会の承認を得て、さらに武力攻撃事態対策本部で方針をまとめなければいけない（写真引用：参議院ホームページ）

力攻撃事態対策本部」も設置しなければならない。こうした手続きを経て、ようやく防衛出動の発動が可能になるのだ。

もちろんこの間、敵が攻撃を待ってくれるわけではない。極論すれば、防衛出動が発令されたときには、肝心の護衛艦などの部隊が全滅している事態も十分考えられるのだ。

そのため、2003年に成立した「武力攻撃事態法」の第9条では、特に緊急の必要がある場合には、国会の承認は防衛出動の後でも構わない旨が規定された。幸い、この防衛出動は自衛隊創設以来、一度も発令されたことはない。

だが、なぜ海自は、現場での判断で動くことができず、このような煩雑な手続きを待たなければならないのだろうか？

シビリアン・コントロール

かつて日本は軍部が暴走し、太平洋戦争を引き起こしたという苦い経験がある。軍隊が独断で動けば、極めて危険な状態になるのは言うまでもない。そのため武力の使い方を、国民の意思決定で行うシステムが必要になってくる。それが**「文民統制」（シビリアン・コントロール）**である。

つまり、軍を出動させるか否かの決断は軍人でなく、国民から権力を付託された国会議員に委ねなければならない。したがって、国土が攻撃されたからといって、部隊が勝手に出動してしまえば、それはシビリアン・コントロールの放棄になってしまうわけだ。

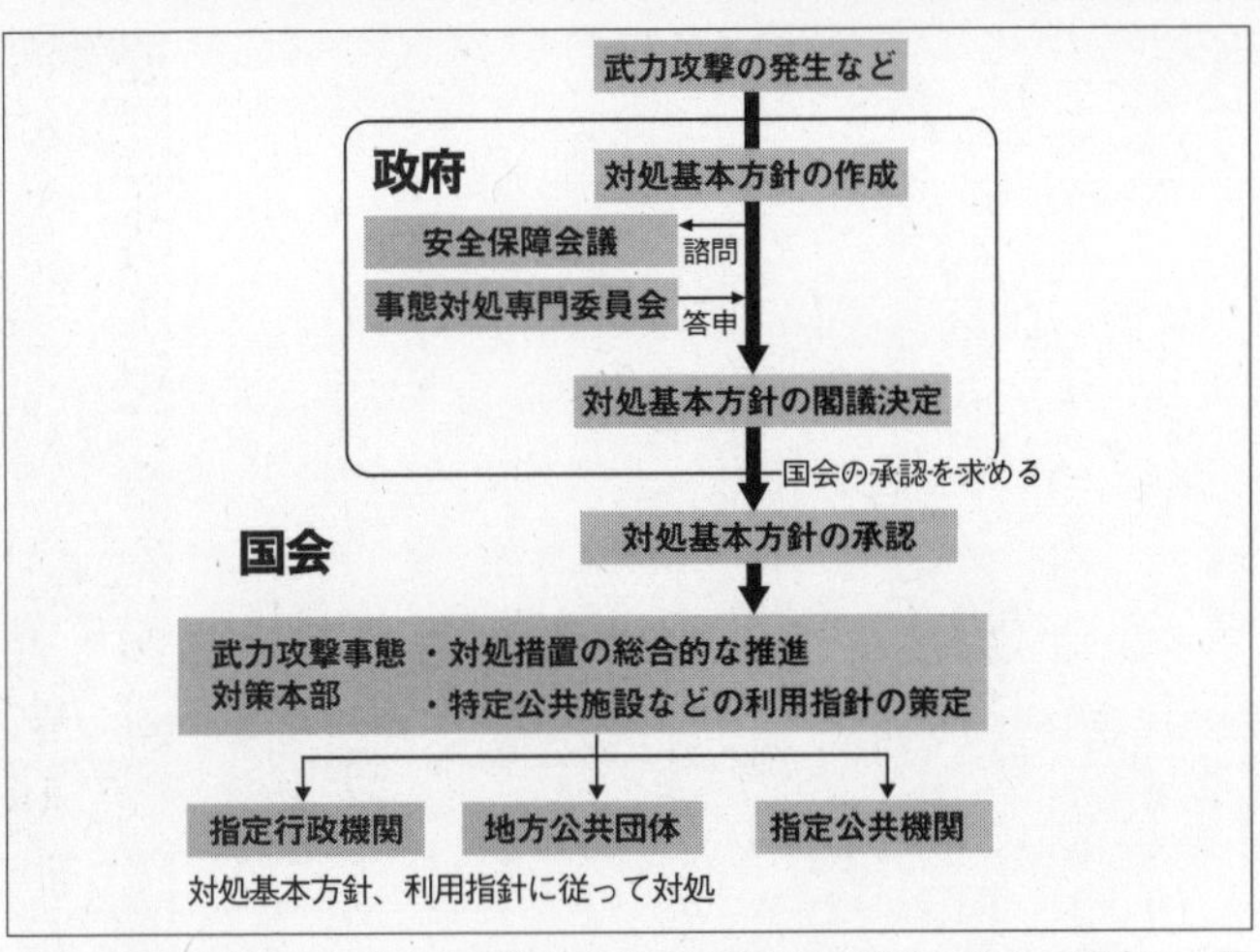

武力事態への対応。こうした手続きを経て防衛出動を発令できる。現在は、緊急の場合は国会の承認は防衛出動後でも可能（平成22年度防衛白書より）

確かに、現在、先進国では全てと言っていいほど、軍の最高司令官には文民が就いている。だが、**各国が日本と同じように軍の出動に煩雑な手続きを経ているかといえば、そんなことはない**。

例えば中国であれば、中国共産党中央軍事委員会（中軍委）の承認があればよく、その中軍委の主席には、軍の最高司令官でもある国家主席が就任するので、日本に比べてハードルはずっと低い。

また、韓国でも議会の承認は必要だが、日本と違って大統領の権限が強く、憲法にも「大統領が国軍を統帥し、宣戦布告を行うことができる」旨が規定されているので、やはり軍の出動は日本よりもスムーズに行うことが可能だ。

海上警備行動で対処可能？

また防衛出動は、どんな状況でも下せるものではない。自衛隊法でも「武力攻撃が発生する明白な危険が切迫していると認められるに至った事態」に発令できるものとされている。言い換えれば、明白な侵略であることが認定されなければ、出動を命じることができない。そのため、海上での小規模な争いであれば武力攻撃と認定される可能性は低く、代わりに**「海上警備行動」**が発令されることになるだろう。

この海上警備行動は自衛隊法82条に規定されたもので、発令に当たっては、閣議を経て総理大臣の承認のうえ、防衛大臣が下すことになる。

また、防衛出動と違って海上警備行動では、組織的な武力行使ではなく「警察官職務執行法」が準用される。

つまり、**敵に危害を加えるような武器使用は、正当防衛時や相手が抵抗する場合を除いて、認められない**という制限があるのだ。

海上警備行動は、1999年3月、能登半島沖に現れた北朝鮮の不審船に対し初めて発令されたが、その対処も即応と言えたものではなかった。

海自の哨戒機が最初に不審船を発見したのが3月23日の早朝で、海上保安庁に情報が渡ったのが午前11時頃。だが、海上警備行動が発令されたのは、発見から実に18時間以上も経過した24日午前1時前だった。結局、海自の懸命の追跡にもかかわらず、不審船を捕えることはでき

射撃訓練を行う海自隊員。海上警備行動は、能登半島沖不審船事件の他、2004年に中国海軍の潜水艦が日本の領海内での航行を続けたときと、ソマリア沖の海賊対策のときに発令された。（写真引用：海上自衛隊護衛艦隊ホームページ）

なかった。

周辺諸国も、海自の実力が侮れないことは知っているだろうが、問題は政府が適切な発令を決断できないことだ。海外に目を向けると、アメリカの沿岸警備隊では警告を無視した相手には実力行使が認められており、スウェーデンの海軍に至っては敵意を持った船舶が領海に入れば、事前の通告なしに攻撃できるとされている。そして、この対応に異論を挟む国はなく、いわば領海内にいる敵への標準的な対処と言っても差し支えないだろう。

現在日本の海域では、「武力攻撃が発生した」という明確な認定ができない事案が多くなってきている。そのようなグレーゾーン事態でも、海自が状況に適した行動をとれる体制を整えておく必要があるともいえるのだ。

緩和は進むがまだ厳しい？米軍以外との合同演習が満足にできない理由

合同演習の目的

日本が唯一、軍事同盟を結んでいる国がアメリカ合衆国だ。特に海上自衛隊は1958年の合同対潜戦訓練以来、機雷除去や防災など多岐にわたる分野で米軍との合同訓練を重ねてきた。主な目的は有事の際、米軍と戦術面での連携や意思疎通を深めておくことにある。

だが、目的はそれだけではない。**訓練の一環である米国派遣訓練などは、普段制限されている実弾の発射訓練が行える貴重な機会**だからだ。

護衛艦などが搭載する兵器は長射程の誘導弾（ミサイル）が多いので、頻繁に発射を行えば民間航路や漁業に支障を来してしまう。つまり、広い洋上での合同訓練は、海自の装備する兵器の性能を確認できる場でもあるのだ。

また、合同演習はアメリカとだけではなく、多国間でも行われることがある。そんな多国間での合同演習の中で、最大の規模を誇るのが**「環太平洋合同演習（リムパック）」**だ。

リムパックは東西冷戦期の1971年、ソ連の太平洋進出を阻むため、米海軍主催で始められた。1回目はハワイ周辺で行われ、カナダ、オーストラリア、ニュージーランドが参加。その後はソ連崩壊など世界情勢の変化で、主にテ

2010年に行われた多国間合同軍事演習リムパック

ロとの戦いなどを想定した内容にシフトし、同じハワイ周辺海域で2年に1度実施。現在の参加国数は20数カ国を数え、2012年にはロシアが、2014年には中国海軍も参加している。

海自も1980年からリムパックに参加しており、特に**対潜戦能力は参加国の中でも際立っている**とされている。また、対艦・対空ミサイルの発射訓練でも目標を一度も外したことがないなど、精度の高さは折り紙つきだ。さらに、2014年の災害救助訓練では海自の海将補が初めて多国籍部隊の司令官を務めるなど、参加国の中でも存在感を高めている。

このように、リムパックは海自の高い練度を各国に披露できる場でもあるのだが、その一方で、実は演習の参加に関しては**法的な問題が指摘されている**のだ。

合同演習は法に抵触する？

2010年に行われたリムパックで、海自の護衛艦が、米、オーストラリア軍と撃沈訓練に参加し、退役艦艇「ニューオーリンズ」を砲撃。だが、これが「集団的自衛権の行使に該当するのではないか」という声が上がった。

つまり、参加国と一体化した砲撃訓練は、日本の防衛方針である**専守防衛から逸脱した行為ではないか、と指摘された**のだ。

これに対し海上幕僚監部は、「時間を区切り、砲撃の順序を決めて訓練を実施した」と、参加国との連携を否定。海自自体も、そういった批判を受けないよう配慮をしている。それがわかるのが、2015年8月に米軍が主催したカリフォルニア州沿岸で行われた統合軍事演習「ドーン・ブリッツ」参加時の行動だ。

メキシコ軍やニュージーランド軍と揚陸作戦を行ったこの演習で、訓練が集団的自衛権の行使を前提としたものではないことを証明するため、わざわざ他国軍と上陸場所を隔てたのだ。

また日米安保条約があるため、米軍との戦闘訓練は許容範囲とされているが、それ以外の国となると訓練は制限される。実際、2015年に海自はフィリピン海軍と南沙諸島に近いパラワン島沖で合同演習を実施したが、行われたのは通信や捜索救助などで、戦闘訓練はなかったとされている。リムパックでも、敵味方に分かれて戦うシナリオ演習があるが、海自は米海軍とだけ組み、他国と連携することはない。

それでも近年は、各国海軍から協力を求めら

アメリカ軍が主催した軍事演習ドーン・ブリッツに参加する自衛隊の護衛官たち。集団的自衛権の行使と捉えられないよう、他国軍とは違う上陸地を選んだ。

れることも多く、2014年には護衛艦がロシア海軍と合同で救難活動を実施。仮想敵国（対象国）とされていた海軍と訓練にあたるという、時代の変化を感じさせる出来事も経験した。

現在の仮想敵国である中国とも、リムパックのような多国間での訓練の枠組みを利用すれば、対話も不可能ではない。事実、2014年の4月と9月には河野克俊海上幕僚長（現統合幕僚長）と中国海軍のトップ呉勝利司令官が意見の交換を実施。現在、中国との関係は決して良好と言えないが、**現場レベルで交流を深めることは安全保障上、大いに意義がある**といえる。

そして2015年9月安全保障関連法案が参議院を通過。その是非はともかく、今後は合同演習も規制が緩和され、訓練内容も大きく様変わりしていくことが予想されるのだ。

安保関連法成立で自衛隊の活動は南沙諸島にも広がる?

防衛政策の転換点

2015年9月19日未明、第2次安倍内閣のもとで「平和安全法制」、いわゆる**安保法**が成立した。この法案には日本と密接な関係にある国が他国から武力攻撃された場合、たとえ日本が攻撃を受けていなくても、自衛隊の実力行使が可能になる**「集団的自衛権の行使容認」**が盛り込まれており、日本の防衛政策の大きな争点となった。

また安保法の特色として挙げられるのが、関連法の一つ**「重要影響事態法」**の制定で、1999年5月に成立した「周辺事態法」が改正された法律だ。「周辺事態」とは「日本の周辺地域で起こり、日本が武力攻撃を受ける恐れのある紛争などの事態」を指す。旧法は、主に朝鮮半島有事を想定したもので、その際に自衛隊が米軍に後方支援を行うことを定めたものだった。

だが、重要影響事態法では、その「周辺」という地理的な制限がなくなり、**世界中に自衛隊を派遣できるうえ、後方支援の対象も米軍だけに限られなくなった**。

そして現在、重要影響事態として認定される可能性のある地域には、南沙諸島とその周辺海

安保法案 成立へ

参院 未明の採決

集団的自衛権 可能に

今国会で最大の焦点となっていた安全保障関連法案は19日未明の参院本会議で、採決に向けた討論が始まった。自民、公明、元気、次世代、改革の各党などの賛成多数で可決、成立する見通しだ。関連法案の成立により、従来の憲法解釈では認められなかった集団的自衛権の行使が可能になる。戦後日本の安全保障政策は、歴史的な転機を迎えることになる。

防衛政策 歴史的転機

安保法案関連
首相 長年の悲願
安保 新時代へ
野党共闘実らず
審議の経緯
主な首相答弁
国会前は騒然
39 11 10 4 3 2

民主 演説2時間 議事

安保法案の採決に向けて討論が進む参院本会議

安保法成立を報じる新聞記事（画像引用：2015 年 9 月 19 日読売新聞）

安保法を成立させた第２次安倍内閣（当時）の面々（写真引用：首相官邸ホームページ）

域が考えられている。

南沙諸島は南シナ海の南部に位置する島や岩礁などからなる島嶼群で、ほとんどの島は一般人が居住できる環境ではない。だがこの南沙諸島は油田などの**海底資源が豊富に存在する**ため、フィリピンやマレーシアなどの東南アジア諸国、また中国が島の領有権を巡って争いを繰り広げており**「海の火薬庫」**とも呼ばれている。

特に中国は圧倒的な軍事力を背景に岩礁を次々と埋め立て、自国の軍事拠点とするなど強引な活動を行い、2015年に入ってもベトナム漁船の通信設備を破壊したり、フィリピン漁船と衝突したりするなど過激な行動を繰り返している。

そしてこの事態に、日本も対岸の火事というわけにはいかなかった。というのも、**南シナ海は日本に輸入される原油の約8割が通る海上交通の要衝**で、ひとたび紛争が起これば日本に「重要な影響」が及ぶことは目に見えている。そのため、この海域は海上自衛隊の派遣が有力視されるエリアとなっているのだ。

海自に期待する東南アジア

そんな中、**東南アジアでも海自の活動を望む国は多い**。フィリピンのデルロサリオ外相は「安保法の成立を歓迎する」との声明を発表し、日本との関係強化に意欲を示した。またベトナムに至っては、メディアが「自衛隊が海外で戦えるかもしれない」と報じ、旧法と新法の違いまで詳細に解説するほどだったという。

こうした東南アジア諸国からの後押しに加

2015年11月、日本で岸田外相と会談したフィリピンのデルロサリオ外相。安保法案成立を歓迎した（写真引用：外務省ホームページ）

え、海自も南沙諸島での活動を見越した訓練を行っている。それが、安保法成立3カ月前の2015年6月に実施された、フィリピン海軍との合同演習だ。

演習場は南シナ海に面したパラワン島で、中国が占拠している南沙諸島からは約200キロメートル、島から航空機を発進させれば中国海軍への攻撃も不可能な距離ではない。もっとも合同演習の目的は「災害時の捜索救難」だったが、中国への対抗を視野に入れた訓練であったことは間違いないだろう。

また有事だけでなく、平時においての南シナ海での警戒・監視任務についても、中谷元防衛大臣は「法的に許されている」と答弁しており、海自がこの海域で存在感を示す日は近いのかもしれない。

求められる慎重な判断

また、2015年10月に米海軍は南沙諸島周辺にイージス艦を派遣し、中国が南シナ海に造成した人工島の12海里内を通過する**「航行の自由作戦」**を行った。これには中国海軍を牽制する目的があったが、中国は退く姿勢を全く見せず、南シナ海では二つの軍事大国が対峙する事態を迎えることになった。

戦闘行為が目的ではないものの、もしこの両国間で有事が発生すれば、海自は同盟国である米海軍に物資の輸送など後方支援をすることになるかもしれない。

また、重要影響事態法では「弾薬の提供」や「空中給油」などの支援も認められており、**有事の際はこれまでより密接に米軍の軍事活動に関わることになる**だろう。

さらに米海軍協会の幹部は南シナ海の活動について、「国の予算も厳しくアメリカだけで全てを行うことは不可能なため、強力な同盟国が必要」と海自に後方支援以上の任務、例えば共同での監視体制などの要請も今後ありうる旨の発言をしている。

ただ、そのような事態になれば、中国の反発は必至。「日本は我が国に対し不当な侵略を行っている」と声高に叫ぶだろう。実際、安保法の成立でも中国は「日本は平和の歩みを放棄するのか」と強く非難しているのだ。

現在、中国とは東シナ海の尖閣諸島を巡って緊張状態にあるが、海自が南沙諸島に派遣されれば、その日中間の不穏な関係は南シナ海にま

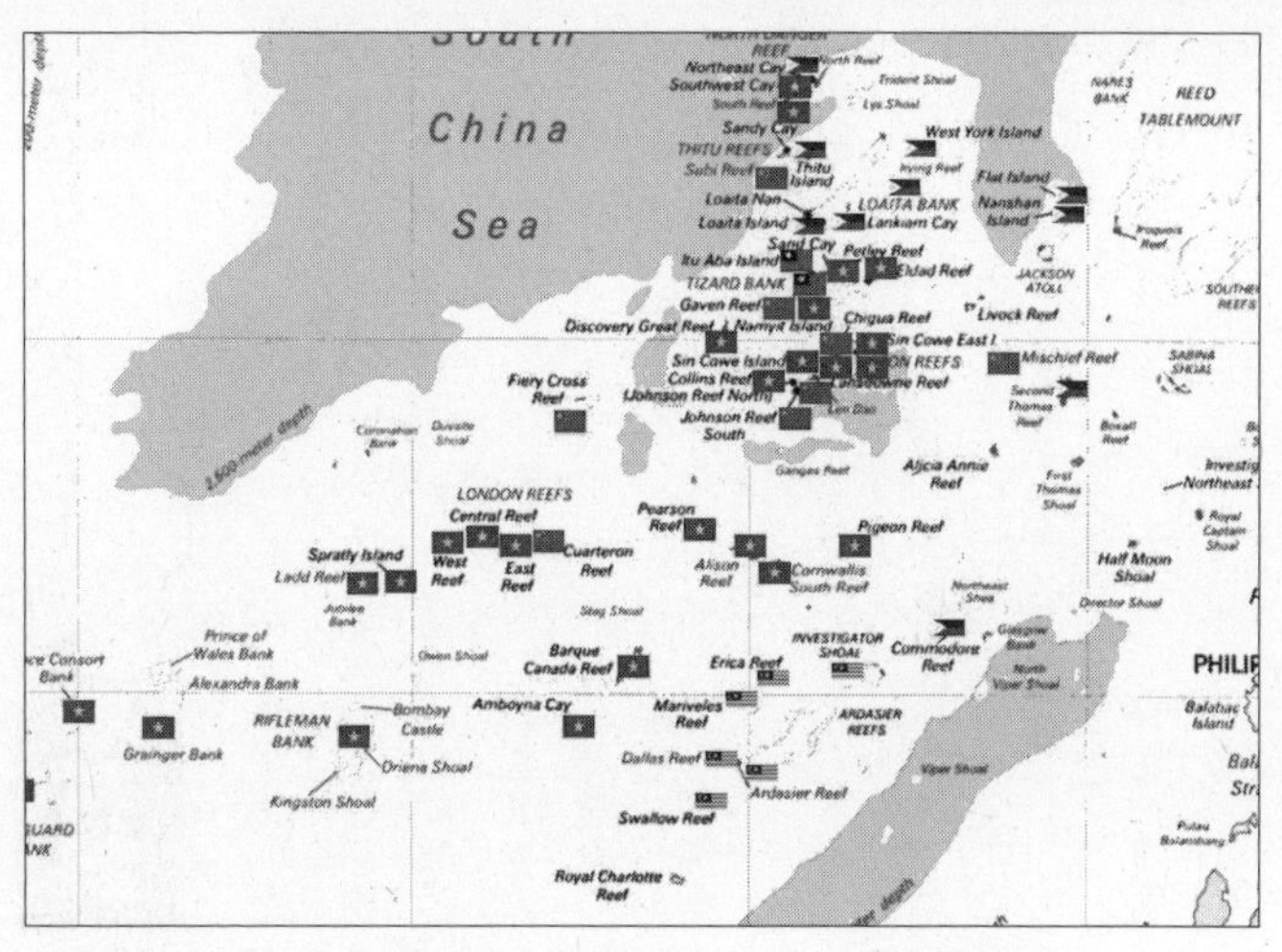

南沙諸島の各国の実効支配地図。中央に星マークのある旗が中国。

で広がることになり、一触即発の可能性はより高くなることが考えられる。

日本が東南アジアの安定に貢献することは重要だが、海自の派遣には慎重な判断が必要になる。そもそも、集団的自衛権の行使を可能とする安保関連法が、戦力不保持を謳った憲法9条に違反すると疑う意見もあり、いまだ廃案を求める声も多い。

どのような理由があれ、戦争は回避しなければならない。現在の個別的自衛権では対応は不可能なのか。平和国家であるはずの日本が、国際平和のためにあえて「火中の栗」を拾う必要があるのか。国のあり方を問う難しい課題だが、だからこそ、国民一人ひとりが考え意見を交わし合うことが、ますます重要になってくるはずだ。

主要参考文献・サイト一覧

「平成27年度版　日本の防衛―防衛白書―」防衛省編（日経印刷）／「自衛隊の戦闘機はどれだけ強いのか？」青木謙知著（ソフトバンククリエイティブ）／「自衛隊　最新装備&軍事演習　―ニッポンを守る新鋭兵器と精強部隊―」菊池雅之監修（メディアックス）／「海上自衛隊のすべて」（宝島社）／「自衛隊兵器の真実」アズワン編（三栄書房）／「海の最強装備！　海上自衛隊護衛艦・船艇パーフェクトガイド」（オークラ出版）／「最強　世界の潜水艦図鑑」坂本明著（学習研究社）／「軍艦の秘密」齋木伸生著（PHP研究所）／「図解　空母」坂本雅之・野神明人著（新紀元社）／「徹底検証！　V‐22オスプレイ」青木謙知著（ソフトバンククリエイティブ）／「決定版　世界の特殊部隊100」白石光著（学習研究社）／「特殊部隊の秘密」菊池雅之著（PHP研究所）／「世界の戦闘艦カタログ」多田智彦著（アリアドネ企画）／「新・世界の戦闘機・攻撃機カタログ」清谷信一著（アリアドネ企画）／「図解　こんなに凄かった自衛隊」芦川淳著（日本文芸社）／「図説　自衛隊有事作戦と新兵器」河津幸英著（アリアドネ企画）／「面白いほどよくわかる　改訂新版自衛隊」志方俊之監修（日本文芸社）／「日本で見られる軍用機ガイドブック」坪田敦史著（イカロス出版）／「自衛隊の航空機２０１４」畑典親編（アルゴノート社）／「海上自衛隊艦艇パーフェクトガイド」結城凛編（ダイアプレス）／「自衛隊兵器大全　日本を守る防衛装備60年史」菊池雅之著（竹書房）／「突如襲い来る弾道ミサイルの脅威に対抗せよ　ＢＭＤ〈弾道ミサイル防衛〉がわかる」金田秀昭著（イカロス出版）／「別冊　自衛隊装備年鑑　自衛隊総合戦力ガイド」水谷秀樹編（朝雲新聞社）／「初心者にもわかる　陸・海・空自衛隊次世代新装備」菊池雅之著（メディアックス）／「こんなに強い自衛隊」井上和彦著（双葉社）／「こんなにスゴイ！自衛隊最強ファイル」菊池雅之著（竹書房）／「Welfare Magazine 総集編　２０１２―２０１３　自衛隊の仕事全ガイド」Welfare Magazine 編集部著（原書房）／「完全ガイド　自衛官への道（平成26年版）」防衛協力会編（成山堂書店）／「自衛官になる本　２０１５―２０１６」古澤誠一郎他著（イカロス出版）／「世界の軍事力が２時間でわかる

本」ニュースなるほど塾編（河出書房新社）／「日本海軍はなぜ滅び、海上自衛隊はなぜ蘇ったのか」是本信義著（幻冬舎）／「最新自衛隊パーフェクトガイド」（学習研究社）／「自衛隊と戦争」芦川淳著（宝島社）／「海上保安官になる本2015―2016」（イカロス出版）／「日本の戦争力」小川和久著（アスコム）／「ホントに強いぞ　自衛隊」田岡俊次著（朝日新聞出版）／「自衛隊は尖閣紛争をどう戦うか」西村金一他著（祥伝社）／「いまこそ知りたい自衛隊のしくみ」加藤健二郎著（日本実業出版社）／「日本に自衛隊がいてよかった」桜林美佐著（産經新聞出版）／「自衛隊の基礎知識と災害派遣」高木泉著（マガジンハウス）／「ミサイル防衛」能勢伸之著（新潮社）／「自衛官になるには」山中伊知郎著（ぺりかん社）／「自衛隊完全読本」後藤一信著（河出書房新書）／「専守防衛―日本を支配する幻想」清谷信一著（河出書房新社）／「あなたのすぐ隣にいる中国のスパイ」鳴霞著（飛鳥新社）／「内側から見た自衛隊」松島悠佐著（幻冬舎）／「「戦地」派遣　変わる自衛隊」半田滋著（岩波書店）／「中国の軍事戦略」小原凡司著（東洋経済新報社）／「日本の周辺国の国防と軍事」軍事力調査研究会編（日本文芸社）／「自衛隊かく戦えり」井上和彦著（双葉社）／「自衛隊で取れる免許・資格」イーメディア編（三修社）／「世界の軍隊バイブル」世界の軍事研究会著（PHP研究所）／「中国はいかに国境を書き換えてきたか」平松茂雄著（草思社）／「尖閣一触即発」井上和彦・山田吉彦著（実業之日本社）／「日本を守る！！最新自衛隊「主要装備」図鑑」（双葉社）／「南極ってどんなところ？」国立極地研究所・柴田鉄治・中山由美著（朝日新聞社）／「図解これが日本の戦争力だ！」佐藤守監修（実業之日本社）／「北朝鮮軍特殊部隊の脅威」清水惇著（光人社）

「防衛省・自衛隊」(http://www.mod.go.jp/)／「陸上自衛隊」(http://www.mod.go.jp/gsdf/)／「海上自衛隊」(http://www.mod.go.jp/msdf/)／「航空自衛隊」(http://www.mod.go.jp/asdf/)／「海上保安庁」(http://www.kaiho.mlit.go.jp/)／「外務省」(http://www.mofa.go.jp/mofaj/)／「内閣官房」(http://www.cas.go.jp/)／「国立極地研究所」(http://www.nipr.ac.jp/)／「朝日新聞デジタル」(http://www.asahi.com/)／「日経ビジネスオンライン」(http://business.nikkeibp.co.jp)／「産経ニュース」(http://www.sankei.com/)／「聯合ニュース」(http://japanese.yonhapnews.co.kr)／「エキサイトニュース」(http://www.excite.co.jp/News/)／「SAPIO」（小学館）／「朝日新聞」／「毎日新聞」／「読売新聞」／「日本経済新聞」／「産経新聞」／「京都新聞」／「中國新聞」

中国軍・韓国軍との比較で見えてくる
アジア最強の海上自衛隊の実力

2016年4月21日第1刷

編者　自衛隊の謎検証委員会
制作　オフィステイクオー
発行人　山田有司
発行所　株式会社　彩図社
〒170-0005
東京都豊島区南大塚3-24-4　MTビル
TEL 03-5985-8213　FAX 03-5985-8224
URL：http://www.saiz.co.jp
https://twitter.com/saiz_sha
印刷所　新灯印刷株式会社

ISBN978-4-8013-0138-2　C0095

※本書に書いている国内・海外情勢、人物の肩書などは、特に断り書きがない限り、2016年3月現在のものです。